JN026015

The Science of Sound & Music

音と音楽の科学

岩宮 眞一郎【著】
IWAMIYA Shin-ichiro

技術評論社

はじめに

　音楽は楽器で奏でられ，コンサート・ホールの響きに彩られ，私たちの耳に届きます。ただし，私たちが接する音楽は生で演奏されたものばかりではありません。現在の音楽は，電子的に作られた音を多用し，楽器の演奏音も電子的に加工されています。また，私たちが音楽を聴く機会は，再生装置から聴く場合の方が多いでしょう。映画やテレビ番組を視聴しているときも，多くの音楽を聴かされています。また，今日，パソコン一台あれば，高度な音楽制作が可能です。私たちがさまざまな形で音楽を楽しめるのは，発展してきた技術やその恩恵で形成されてきた音楽文化のおかげです。

　美的な感覚で味わう音は，音楽だけとは限りません。自然の中の音や生活の音などに耳を傾けることもあります。自動車やオートバイの音にこだわる人，自然の音に癒される人もいて，音との関わりも多様です。製品音やサイン音など，デザインの対象となっている音もたくさんあります。耳はとじることができないので，私たちは絶えず音にさらされています。それだけ，音は私たちの生活に密着しています。音を抜きにしては，人間を，社会を，文化を語ることはできません。

　本書は音と音楽を科学的に考察するための入門書です。音および音楽を人間が理解する過程について体系的に解説し，音と音楽に関連するテクノロジーや文化について論じています。本書のように音と音楽の科学をマルチな立場で，最新の動向を含めつつ，多彩な内容を包括的に解説した書物は他にないはずです。音や音楽の世界に興味を持っておられる方には，音と音楽の世界の広がりと深みを分かっていただけると思います。音と音楽の科学を専門的に学んでみようという方には，本書は格好の入門書となるはずです。

2020 年 2 月　岩宮 眞一郎

目 次 ◆ Contents ◆

第 4 章　音の空間性　　135

第 5 章　オーディオ機器の歴史と原理　169

第 **8** 章　映像メディアにおける音の役割　269

第 **1** 章

音と聴覚のしくみ

　オーケストラの迫力ある響きも，情感あふれるギターの調べも，コンピュータが奏でるボーカロイドの歌声も，物理的には空気の振動にすぎません。音は振動する物体から発生し，隣接する空気を振動させ，その振動が次々と空気中を伝わり，人間の聴覚に至るのです。

　人間の聴覚は空気の振動から音の特徴を分析し，楽器の演奏を捉え，その情報をもとにして脳は音楽を理解するのです。聴覚は，伝達された空気の振動を，脳が分析可能な電気信号に変換します。

　本章では，音が空気の疎密波である様子，その音の性質を表す周波数，振幅，スペクトルなど音響的特徴について説明するとともに，人間の聴覚がこれらの音響的特徴を処理するしくみを解説します。

1.1 音を聴いて音楽を味わうまで

　生の演奏であっても，ステレオの再生音であっても，音楽は基本的に空気の振動として伝わります。**図1-1** に，私たちが，楽器の演奏音を聴いてから，音楽として認知するまでの処理過程を示します。

メロディが聴こえる過程

　図1-1 の（A）は，楽器の演奏音から生ずる空気の振動の様子を示したものです。実際には空気の振動は見えませんから，マイクロホンで録音して電気信号に変えて見えるようにしたものと考えてください。音が大きくなるほど，振動は上下に大きく揺れます。振動が速く繰り返すほど，ピッチは高くなります（**図1-1**（A）では，まっ黒でその様子は分かりませんが）。

　私たちの聴覚は空気の振動からピッチの情報を得て，（B）のような情報を受け取ります。ピッチの変化パターンの（B）の情報から「音楽を聴く」のは，私たちの脳の働きです。西洋音楽に慣れ親しんだ脳は，ピッチの変化を音階と音符の長さの物差しを使って測ります。その結果が（C）です。その後，拍子や調の判断がなされ，（D）に示す楽譜のような解釈ができて，「メロディが聴こえる」のです。音楽としての味わいは，ここから始まります。

　実際には，私たちの聴覚は，空気の振動（A）から，音の大きさや音色などの情報も受け取ります。音の大きさの大小や音色の違いの情報が，音楽としての味わいに加味します。

1.1 音を聴いて音楽を味わうまで

１ 音と聴覚のしくみ

２ 音の物理と心理

３ 音楽のしくみ

４ 音の空間性

５ オーディオ機器の歴史と原理

音楽の源は空気の振動

　私たちを楽しませてくれる音楽の源は，空気の振動としての音です。音楽を科学的に捉えるためには，音や人間の聴覚をきちんと把握しておく必要があります。本章では，音と聴覚を理解するための基礎知識を解説します。その後の章では，空気の振動からいろんな音の性質を解釈する過程，それを音楽として認識するしくみを解説します。

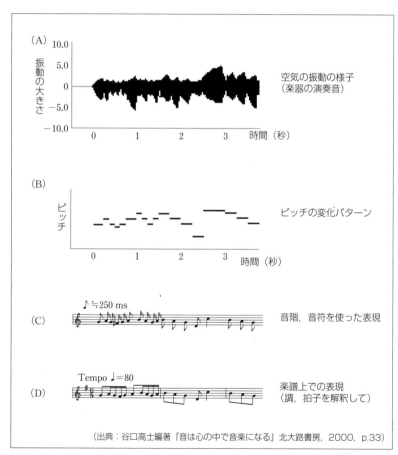

(出典：谷口高士編著『音は心の中で音楽になる』北大路書房，2000，p.33)

図 1-1 楽器の演奏音を聴いてから，音楽として認知するまでの処理過程

1.2 物理的には音は 空気の疎密波である

　私たちが聞いている音は，空気の圧力の変化です。空気の圧力変化は，物体が運動したときに発生します。物体の運動は，その物体を取り巻く空気の圧力を変化させます。圧力の変化は，空気中を伝わります。この圧力変化が人間の耳に伝わり，「音」として認識されるのです。

太鼓の膜は振動する

　太鼓の音を例にとって，音の伝わる様子を説明しましょう。演奏者はバチを使って太鼓を叩きます。太鼓に張られた膜はバチに押されて，瞬間的にですが，引っ込みます。演奏者はバチを振り上げます。そうすると，バチの圧力から解放された膜はただちに元に戻ろうとします。元に戻って，いきおい余って，押された方向とは逆の方向へ動きます。押されたときと同じぐらい動いたら，再び膜は押された方向へ戻り始めます。こういった運動を繰り返して，膜は行ったり来たりを繰り返します。この状態が太鼓の膜の振動です。

空気の圧力変化が音の正体

　太鼓の膜の振動は，周りの空気を押しやったり引っ張ったりします。それにつれて，膜の付近の空気の圧力が上昇したり，下降したりします。空気の圧力が上昇した状態とは，空気の分子が込み合って「密」になった状態です。空気の圧力が下降した状態とは，空気の分子がまばらになって「疎」になった状態です。このような現象が起きるのは，空気に弾性というバネのような性質があるからです。この空気の圧力変化は，膜のそばから始まって，ドミノ倒しのように四方八方に伝わっていきます。

音と聴覚のしくみ　🔳1

音の物理と心理　🔳2

音楽のしくみ　🔳3

音の空間性　🔳4

オーディオ機器の
歴史と原理　🔳5

このときに生ずる空気の圧力変化（空気の疎密波）こそが音の正体なのです。

　図1-2 に太鼓の膜の振動で音が生じて，空気中を伝わる様子を示します。この図においては，ある瞬間の（時間を固定して）空気の圧力変化を示すために，圧力が最高点に上昇している場所を曲線で示しています。時間が経過すると，圧力の最高点がずれていきます。

曲線は圧力が最高点に
上昇している場所

図1-2　太鼓の膜の振動から音が生じて，空気中を伝わる様子

1.3　音を運ぶ媒質

音の発生には，振動を発生させる源（音源）とともに，音を伝える媒質が必要とされます。我々の日常生活では，音を伝える媒質は空気です。しかし，媒質は空気とは限りません。水中でも鉄の中でも，音は伝わります。一方，媒質の存在しない真空中では音は伝わりません。映画など見ていると，宇宙を隕石が移動するときに「ヒュー」と音がしますが，あれは単なる効果音です。真空で媒質のない宇宙空間では，音は聞こえません。

音の速さは媒質で違う

音が媒質中を伝わる速さ（音速）は，媒質によって異なります。媒質が固いほど，軽いほど，音速は速くなります。音速は，空気中では 340 m/秒程度ですが，水中では 1,500 m/秒程度，金属中では 5,000 m/秒程度となります。

音楽も空気という媒質の振動に過ぎない

私たちが楽しんで聴いている音楽も，物理現象としては，疎密波と呼ばれる空気の振動に過ぎません。私たちの聴覚と脳が，空気の振動を分析していろんな楽器を聴き分け，各音のピッチを認識し，ハーモニーを理解し，リズム・パターンを捉えることによって，私たちは音楽を楽しむことができるのです。

1.4 純音（正弦波）は楽器の音や人間の声の最小要素

　私たちは，日常生活の中で，いろんな音を聞いています。音楽，話し声，足音，鳥の鳴く声，自動車の走行音など，音の種類はさまざまです。純音は，いろいろな音がある中で，最も単純な音です。音の基本単位と言える存在です。純音の波の形（波形）は，正弦波と呼ばれる形をしています。正弦波は， 図1-3 に示すように，円を平らな面で等速度で回転させたとき，円のある一点が描く上下の移動の軌跡によって描くことができます。この軌跡は，円の一回転ごとに，同じ形を繰り返します。正弦波のように同じ形を繰り返す性質のことを，周期的といいます。

　図1-4 に純音の波形（正弦波）を示します。この図では，横軸を時

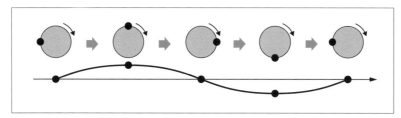

図1-3 正弦波は，円を等速度で回転させたとき，円のある点が描く上下の移動の軌跡

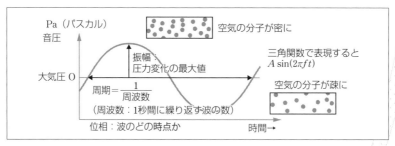

図1-4 純音（正弦波）の波形（時間の関数として），周波数，振幅

間として，各時点における空気の圧力変化を表します。縦軸は，音圧を表します。音圧とは，大気圧からの空気の圧力の変化のことです。

図1-4 は，音が伝わっているある地点において（場所を固定して），時々刻々の圧力が変化する様子を描いたものです。縦軸の原点の「0」は，空気の大気圧を示します。大気圧は一般的には 101,325 Pa（パスカル）ですが，台風などがくると 95,000 Pa あたりまで下がったりします（台風の場合パスカルの 100 倍のヘクト・パスカルを使って，950 ヘクト・パスカルと言うのが一般的ですが）。ここでは，実際の大気圧がどんな値であっても，音が鳴っていないときの圧力を原点として「0」としています。プラス（＋）方向の圧力が上昇する時間帯には，空気の分子が密になります。マイナス（−）方向の圧力が低下する時間帯には，空気の分子が疎になります。

図1-4 において，正弦波の圧力は 0 Pa から開始してだんだん上昇し，最高点まで到達したら下降し，最低点からまた 0 Pa に戻ります。この過程が一つの波で，正弦波は周期的な波なので，時間の経過とともにこの波を繰り返します。

純音の周波数と振幅

純音（正弦波）の性質は，周波数と振幅によって定まります。周波数は，1秒間に波が繰り返す回数のことです。単位にはヘルツ（Hz）を用います。1秒間に 100 回振動する音の周波数は，100 Hz（ヘルツ）となります。周波数はピッチの感覚と対応します。周波数が高いほど，ピッチは高く感じられます。200 Hz の音は 100 Hz の音より高く感じます。そして，周波数の逆数（$\frac{1}{周波数}$）を周期といいます。周期は一つの波（1 回の振動）に要する時間ということになります。100 Hz の純音の周期は，0.01 秒になります。そして，周期の中で波のどの時点かを示すのが位相です。

振幅は，大気圧（0）からの圧力変化の最大値を表します。正弦波では，プラス方向もマイナス方向も，圧力変化の幅は同じです。振幅は音の大きさの感覚と対応します。振幅が大きいほど，圧力の変化量が大きく，大きな音になります。

1.5　純音は三角関数を使って表現できる

純音は，三角関数の一種である正弦関数（sin）を使うと，$A\sin(2\pi ft)$ と表現できます。正弦関数（sin）を含む三角関数の定義を **図1-5** に示しておきます。A は振幅，f は周波数，t は時間を表します。2π とは，角度をラジアンという単位で表現したものです。2π は 360 度に相当し，**図1-3** の円を一回転する（1 周期の）角度です。そして，$2\pi ft$ が，位相ということになります。$A\sin(2\pi ft)$ は位相が 0 から始まっていますが，θ から始まるときには $A\sin(2\pi ft+\theta)$ と表します。θ（最初の位相）のことを初期位相といいます。

純音は音の最小構成要素

純音自体は，電子音以外ではあまり聞くことはありませんが，楽器の音や人間の声など，我々の回りにある音はいろんな周波数の純音が足し合わさってできています。きわめて純音に近い音もあります。ちょうど素粒子が物質の最小構成要素であるように，純音は音の最小構成要素なのです。

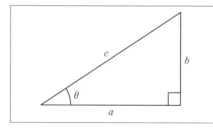

$$\sin\theta = \frac{b}{c} \qquad \cos\theta = \frac{a}{c} \qquad \tan\theta = \frac{b}{a}$$

図1-5　三角関数の定義：
a，b，c は三角形の各辺の長さで，θ は辺 a，c の間の角度

1.6 波長は1つの波が伝わる距離

図1-4 に示した音の様子は，場所（位置）を固定して音を時間の関数として観察した様子を示したものです。音はこの様子を次から次へと別の場所に伝えていきます。ある時間において（時間を止めて），場所の関数として空気の圧力変化をみても，図1-6 に示すように同じような波形を観察することができます。

縦軸の意味は 図1-4 と同じ音圧ですが，図1-6 の横軸は場所（x：基準点からの距離）を表しています。音が f Hz の純音なら，波形は $A \sin\left(2\pi\dfrac{f}{c}x\right)$ で表すことができます（c は音速：1秒あたりに音が進む距離）。音を場所の関数で表したとき，1周期に相当する長さを波長<ruby>波長<rt>はちょう</rt></ruby>といいます。波長は，1つの波が伝わる距離（長さ）ということになります。図1-2 の実線間の距離も波長になります。

100 Hzの純音の波長

音は，常温（15 度）では1秒間に 340 m 進みます。従って，100 Hz の純音の場合，340 m の間に 100 個の波があることになります。波長は 340/100＝3.4 m となります。

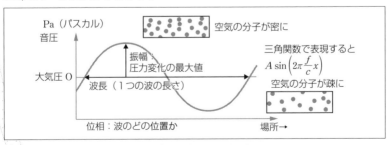

図1-6 場所の関数としてみた純音（正弦波）の波形と波長

1.7 周期的複合音は 倍音が組み合わさってできる音

　純音が複数組み合わされてできている音のことを複合音といいます。複合音において，構成する純音（成分）の周波数が最低成分の周波数の整数倍になっているとき，このような音の波形が周期的になることから，周期的複合音（調波複合音とも）と言います。周期的複合音の一番低い周波数の成分（純音）を基本音，その2倍の周波数の成分を第2倍音，その3倍の成分を第3倍音といった呼び方をします。周期的複合音は，倍音が組み合わさった音なのです。多くの楽器の音や人間の声は，周期的複合音です。周期的複合音の特徴は，ピッチがはっきりしていることで，メロディやハーモニーを奏でるのに最適です。

周期的複合音のピッチと音色

　周期的複合音は，倍音関係にある純音（正弦波）を足し合わせてできているので，$A\sin(2\pi f t)+B\sin(2\pi 2f t)+C\sin(2\pi 3f t)+\cdots$ と表現できます。A，B，Cは各倍音の振幅を表します。逆に，周期的な波形の音は，いずれも倍音関係にある正弦波の和として表現できます（この関係は，フーリエ級数展開と呼ばれています）。

　このような音の波形は基本音と同じ周期を持ち，基本音と同じピッチを感じさせます。ただし，基本周波数（基本音の周波数）が等しくても，各倍音の振幅が異なれば，音色は異なります。

周期的複合音の波形

　図1-7 は，3つの倍音で構成されている周期的複合音の波形と3つの倍音（基本音，第2倍音，第3倍音）の波形を示します。この例は，

21

すべての倍音の振幅が等しい（$A = B = C$）場合の波形です。3つの倍音の振幅 A, B, C の比率が変化すれば，3つの倍音で構成された周期的複合音の波形も変化します。

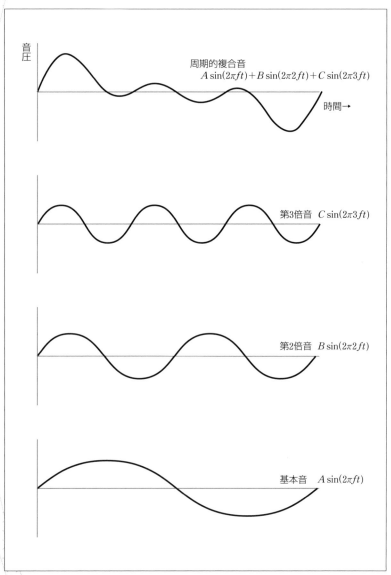

図1-7 3つの倍音で構成される周期的複合音と各倍音の波形

1.8 弦楽器の弦の振動から倍音が出るしくみ

バイオリンでも，ギターでも，弦の振動を利用して音を出す楽器（弦楽器）においては，ピッチを変化させるために，指で弦を押さえて振動する弦の長さを変化させます。弦楽器の基本周波数（ピッチに相当）と弦の長さには，反比例の関係があります。弦の長さが半分になれば，基本周波数は 2 倍になります。

弦楽器が発する周期的複合音

弦楽器においては，弦の両端が固定されていますから，**図1-8** に示すように，弦の両端では振動せず（振動の節），中央が最も大きく振動する（振動の腹）周波数で振動します。従って，周波数の最も低い振動は，中央に腹が 1 つできる振動になります。そして，この振動が基本音を発生します。弦が振動している状態においては，**図1-8** に示すように，腹が 1 つの振動だけではなく，腹が 2 つ，3 つといった振動も，同時に発生しています。このような振動の周波数は，基本周波数の 2 倍，3 倍・・・というように，基本周波数の整数倍になります。従って，弦から発生する音は，倍音成分で構成される周期的複合音になり，明確なピッチが感じられます。

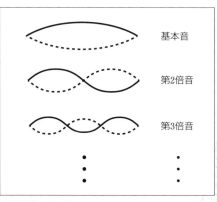

基本音

第2倍音

第3倍音

図1-8 両端が固定された弦の振動の様子
（基本音，第 2 倍音，第 3 倍音…）

1.9 管楽器の管の共鳴で 倍音が出るしくみ

フルートやクラリネットのような円筒状の管の共鳴を利用した楽器（管楽器）でも，弦の振動と同様に倍音の系列が発生し，明確なピッチが感じられます。

管楽器には開管と閉管がある

管楽器の場合も，弦楽器と同様に，管の長さと発生する音の周波数は反比例の関係にあります。管楽器には，両方が開いている開管と，片方がふさがっている閉管があります。**図1-9** に示すように，開管と閉管では，共鳴のしかたが異なります。**図1-9** のリング状の曲線の上下の幅が広がっているほど，空気の分子がよく動いていることを示します。曲線が閉じているところは，分子が動かないところです。

開管と閉管の周期的複合音の違い

両端が開いている開管の場合，管の両端で分子の振動が最大になる状態で共鳴します。開管の最も低い共鳴周波数である基本周波数は，管の長さを $\frac{1}{2}$ 波長とする振動の周波数になります。さらに，管の長さを1波長，$\frac{3}{2}$ 波長とする振動においても開管は共鳴します。その結果，共鳴する音の周波数比が 1：2：3…といった整数となり，倍音系列で構成される周期的複合音が発生します。

閉管の場合，開いた側では空気の分子の振動は最大になりますが，閉じた側では空気の分子は動きません。閉管の最も低い共鳴周波数である基本周波数は，管の長さを $\frac{1}{4}$ 波長とする振動の周波数です。この周波数は，同じ長さの開管の基本周波数の $\frac{1}{2}$ 倍（オクターブ下）となります。

さらに，管の長さを $\dfrac{3}{4}$，$\dfrac{5}{4}$ 波長とする振動でも共鳴します。共鳴する音の周波数は，基本周波数の 3 倍，5 倍…となります。これらの周波数は倍音関係ではありますが，生じる成分は奇数次倍音のみとなります。その結果，閉管の管楽器の音は，奇数次倍音のみ含む周期的複合音になります。

開口端補正

　実際の管においては，媒質としての空気が連続しているため，開口部は実際の管の開口部よりも外側にあるようなふるまいをします。そのため，管の共鳴を考えるときには，管の長さを実際の長さよりもほんの少し長く見積もる必要があります。このときの補正値のことを開口端補正といい，開口端補正値は「半径 ×0.6」となります。管の長さに対して開口部の半径が十分に小さい場合にはその影響はごくわずかですが，開口部が大きくなるとその影響は顕著になります。

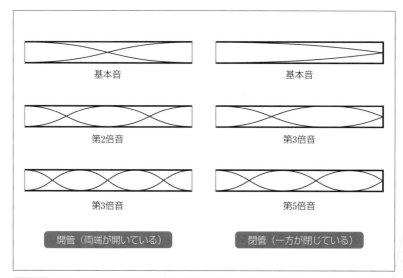

図 1-9　閉管，開管の共鳴の様子：リング状の曲線の上下の幅が広がっているほど，空気の分子がよく動く

1.10 スペクトルは各周波数成分のパワーを表す

　周波数と各周波数成分のパワー（時間あたりのエネルギー）の関係を表したものを，スペクトルと呼んでいます。各成分の周波数を横軸に，それぞれの成分のパワーを縦軸にとって，スペクトルを表現することができます。スペクトルの表現により，どの周波数成分がどの程度パワーを持っているかが直感的に分かります。

音色を特徴づけるスペクトル構造

　各種の楽器や人間の声は，それぞれ固有のスペクトル構造を持っています。スペクトル構造がそれぞれの楽器の音色を特徴づけます。純音のスペクトルは，ある周波数上に 1 本線が描かれたものとなります。純音とは，1 つの周波数にパワーが集中した音なのです。

　 図1-10 に，3 倍音からなる周期的複合音のスペクトルを示します。各成分は，直線で表現できます。ここでは 3 つの直線が並んでいますが，純音の場合は 1 本だけです。このようなスペクトルは離散スペクトルといいます。 図1-10 では，縦軸として振幅の値を示すようにしているので，3 つの倍音それぞれの振幅の値がそれぞれの周波数成分の長さになります。

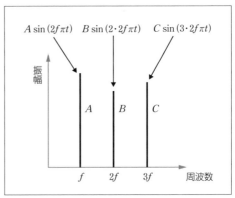

図1-10 スペクトルは各成分のパワー（この図では，振幅を表す）を周波数ごとに表示

1.11 ノイズは連続スペクトルで表現される

　純音や周期的複合音のような周期的な音に対して，周期を持たない（ピッチが感じられない）音もあります。その代表が，ノイズ（雑音）と呼ばれる音です。ノイズの波形は周期的ではなく，その波形は不規則（無秩序）です。

ノイズのスペクトルは連続スペクトル

　ノイズのスペクトルは，純音，周期的複合音の場合と違って，どこかの周波数にパワーが集中するということはありません。広い周波数範囲に渡って連続にパワーが分布します。このため，ノイズのスペクトルを連続スペクトルと呼びます。連続スペクトルに対して，純音や周期的複合音のようにある周波数にパワーが集中するようなスペクトルには，離散スペクトルという呼び方をします（1.10 節参照）。

ホワイト・ノイズとピンク・ノイズ

　図1-11 に，周期的複合音とノイズの波形とスペクトルを示します。周期的複合音の場合，波形は周期的で，スペクトルは線状（離散スペクトル）です（この図では，3 成分の場合）。ノイズの場合には，波形は不規則な形で，スペクトルは連続的（連続スペクトル）です。

　周波数ごとに一定のパワーをもったノイズは，白色光のスペクトルとの類似から，ホワイト・ノイズ（白色雑音）と呼ばれています。ピンク・ノイズは，音程幅（周波数比）あたりのパワーが等しいノイズです。この名前も，ピンク色の光のスペクトルとの類似からきています。

　かつては，ノイズは，音楽と対立する存在として，音楽の世界では嫌

われてきました。しかし，音楽の素材の拡大が進んだ 20 世紀になって，ノイズが積極的に音楽の素材とされるようになってきました。湯浅譲二が 1967 年に作曲した『ホワイト・ノイズによるイコン』はその代表作です。

また，離散スペクトルであるはずの楽器の音も実はノイズを含んでいます。多くの楽器において，そのノイズがないと，楽器独特の味わいが損なわれるということが分かってきました。ノイズは，必ずしも音楽と対立する存在ではないのです。

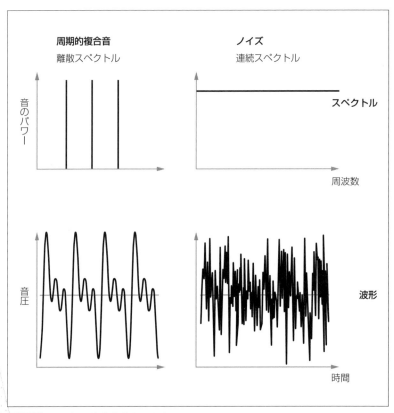

図 1-11 ノイズと周期的複合音の波形とスペクトル

1.12 広帯域ノイズと狭帯域ノイズ

ホワイト・ノイズやピンク・ノイズは，広い周波数帯にわたってパワーを有する音です（1.11 節参照）。このような広い周波数帯域にパワーが分布しているノイズは，広帯域ノイズと呼ばれています。ノイズの中には，ある周波数帯域のみにパワーを有するタイプのものもあります。このようなノイズは，狭帯域ノイズとかバンド・ノイズと呼ばれています。図 1-12 に広帯域ノイズと狭帯域ノイズのスペクトルを示します。

一般に，バンド幅をオクターブ（最低周波数と最高周波数の比が 1:2）にとったオクターブ・バンド・ノイズ，3 分の 1 オクターブ（同比が 1:3）にとった 3 分の 1 オクターブ・バンド・ノイズが音響測定などに用いられます。

狭帯域ノイズから感じられるピッチ

広帯域ノイズからはピッチは感じられませんが，狭帯域ノイズの場合，ピッチのような感覚が得られます。ピッチのような感覚は，帯域が狭いノイズほど強くなり，その音色は中心周波数の純音に似てきます。

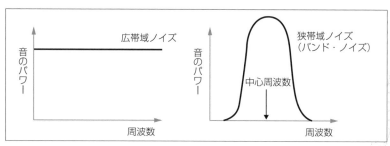

図 1-12 広帯域ノイズと狭帯域ノイズのスペクトル

1.13 うなり：周波数がわずかにずれた 2つの純音はうなる

　周波数がわずかにずれた2つの純音を同時に鳴らすと，2つの純音は干渉して，「ワンワン」と周期的に大きくなったり小さくなったりする音が聞こえます。このように大きさが周期的に変化した状態を「うなり」といいます。大きくなっているときは2つの純音が圧力変化を強めあっている状態で（+ 方向も − も），小さくなっているときは2つの純音が圧力を相殺している状態です。

うなりの波形を表わす式

　周波数が f Hz，g Hz で振幅の等しい2つの純音が合わさってできる音の波形は，$A \sin(2\pi f t) + A \sin(2\pi g t)$ と表すことができます。そして，この波形は，以下のように変形することができます。

$$A \sin(2\pi f t) + A \sin(2\pi g t) = 2A \cos\left\{2\pi \frac{1}{2}(f-g)t\right\} \sin\left\{2\pi \frac{1}{2}(f+g)t\right\}$$

　この音の波形を 図1-13 に示しますが，この音は1秒間に $(f-g)$ 回大きくなったり小さくなったりを繰り返す $\frac{f+g}{2}$ Hz の純音（2成分の平均周波数の純音）です（ここでは $f>g$ としています）。このような現象をうなりというのです。

うなりはチューニングに利用できる

　楽器を演奏する人は，チューニング（調律）をするときに，うなりの現象を利用します。2つの音を合わせるとき，うなっている状態は，ピッチがあっていない状態です。だんだんとうなりがゆったりとして，うなりがなくなったとき，ピッチがあった状態になります。

振幅の等しくない2つの純音の場合にもうなりは生じます。しかし，
図 1-13 の波形とは異なり，振幅の最小値は 0 にはなりません。また，
周波数の周期的変化も伴うことになり，高さの変化も生じています。

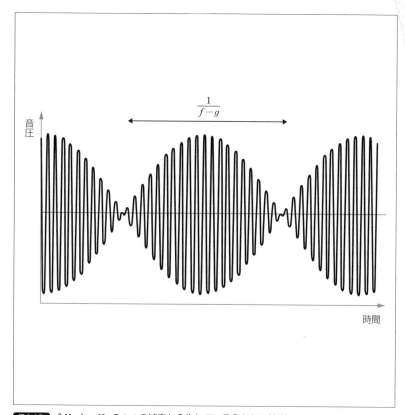

図 1-13 f Hz と g Hz の2つの純音から生じているうなりの波形

1.14　聴覚のしくみ：空気の振動を電気信号に変えて脳に伝える

　音を知覚し，音楽を理解するのは脳の働きによるものです。しかし，脳で処理が可能なのは電気信号のみで，空気の振動を脳で直接感じることはできません。空気の振動を脳が処理可能な電気信号に変換するのが聴覚の役割です。空気中を伝わった音が耳にまで到達し，空気の振動が鼓膜を動かし，鼓膜の振動が蝸牛の働きにより電気信号に変換されるのです。

人間の聴覚系のしくみ

　図1-14 に人間の聴覚系のしくみを示します。音は耳介（耳たぶ）で集められ，外耳道を経て，鼓膜に到達します。鼓膜は，空気の振動によって，しなやかに動くような構造になっています。ここで，空気の振動が鼓膜の振動を生じさせます。鼓膜の振動は，耳小骨と呼ばれる3つの骨を経て，リンパ液のつまった蝸牛という $2\frac{3}{4}$ 回転したうずまき状の器官に伝わります。耳小骨の3つの骨は，それぞれツチ（槌）骨，キヌタ（砧）骨，アブミ（鐙）骨と呼ばれています。耳介と外耳道を外耳，蝸牛を内耳，その間の鼓膜と耳小骨を中耳といいます。

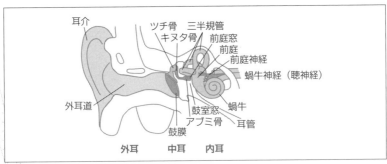

図1-14　聴覚系のしくみ（耳介〜蝸牛）

1.15 音はまず外耳に入ってくる

耳介の複雑な形状が果たす役割

　耳の入り口は，複雑な形をした耳介です。その複雑な形状のため，2〜5 kHz の周波数帯を共鳴によって増幅し，7.8 kHz，12 kHz 付近の音を減衰させます。また，耳介は，後ろの方からの音に対しては，高い周波数の音を減衰させる効果を持ちます。この効果は，前方からの音と後方からの音を聞き分ける手がかりになっています（4 章参照）。

外耳道で音は共鳴し増幅する

　耳介に続くのは，直径 6 〜 8 mm，長さ 25 mm 程度の外耳道です。外耳道は一種の空洞なので，共鳴によって 2 〜 7 kHz の周波数帯域の音が 30 〜 100 倍ほどに増幅されます。共鳴のピークは 2.5 kHz 付近です。

　外耳道は，クランク状に曲がってはいますが，片方が鼓膜で閉じ，もう片方が外部に開いているので，一種の閉管（1.9 節参照）とみなせます。そのため，共鳴のピークの周波数の 3 倍，5 倍の周波数でも共鳴が生じます。

1.16 音を効率よく伝える鼓膜と 耳小骨のコンビネーション

うずまき状の蝸牛は固い骨で覆われ，中はリンパ液で満たされています。空気の振動をそのまま液体に伝達すると，ほとんど反射してしまい，そこから先にはうまく伝わりません。中耳の鼓膜と耳小骨は，空気の振動を効率よく蝸牛のリンパ液に伝える働きをしているのです。

耳小骨が鼓膜の振動を伝えるしくみ

蝸牛に振動を伝えるアブミ骨は，鼓膜の面積に比べると，非常に小さい面積で蝸牛の入り口である前庭窓に接しています。そのため，鼓膜とアブミ骨底面の面積の違いによって，振動を増幅して伝達することができます。 図1-15 に示すように，広い面積の鼓膜で音の振動を受けて，小さな前庭窓にその振動を伝えるのです。ちょうど，先端のとがったハイヒールのかかとで足を踏まれるほうが平べったいスニーカで踏まれるよりもはるかに痛い思いをするように，大きな面積で受けた力を小さな面積に集中させると，大きな力を伝えることができるのです。また，3つの耳小骨はテコのように動き，大きな力を伝えるのに貢献しています。

中耳により音のパワーが増幅される

鼓膜に伝えられた圧力は，鼓膜とアブミ骨底面の面積比により15.3倍，テコの原理により1.4倍に増幅すると言われています。中耳がないと鼓膜に届いた音のパワーは2.6％しか内耳に届かないのですが，中耳の存在により内耳に届く音のパワーは56％にまで増加するのです。中耳による音の伝達の効率は周波数により異なり，中域の周波数（500〜4,000 Hz）で最も効果的です。

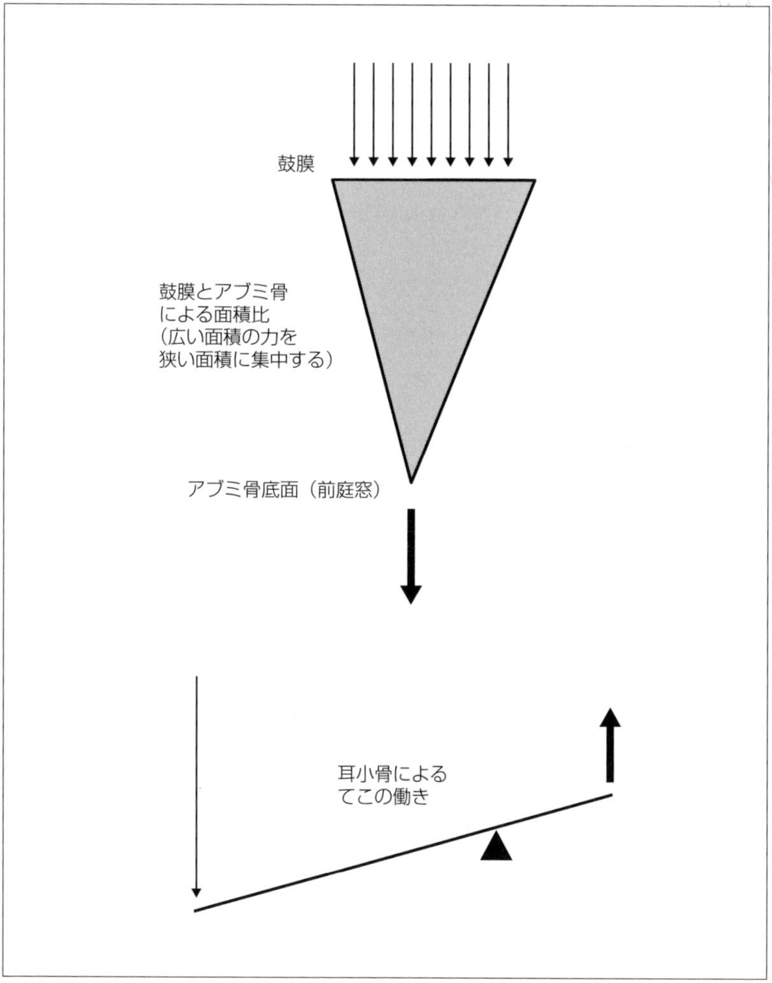

鼓膜

鼓膜とアブミ骨
による面積比
（広い面積の力を
狭い面積に集中する）

アブミ骨底面（前庭窓）

耳小骨による
てこの働き

図1-15 中耳における空気の振動を効率よく伝えるしくみ（大きな力で伝えるように）

耳小骨筋反射が過大な音から耳を守る

　ツチ骨とアブミ骨には耳小骨筋という筋肉が張られています。耳小骨筋は，強大な音が入ってくると，収縮して音を伝えにくくして，内耳を守ります。このような中耳の働きを耳小骨筋反射といいます。ただし，耳小骨筋反射はゆっくりとした活動なので，突然の強大な音にはあまり有効ではありません。

1.17 基底膜の進行波が周波数の情報を伝える

アブミ骨まで達した振動は，前庭窓を経て，蝸牛内のリンパ液に伝わります。振動がリンパ液に伝わることで，蝸牛のリンパ液を分断する基底膜の上下で圧力差を生じます。その結果，基底膜が振動します。基底膜の動きを分かりやすくするために，図1-16 にうずまき状の蝸牛を引き延ばして，その様子を示します。基底膜は，根元の前庭窓側（アブミ骨との境界）では固定されていますが，先端の蝸牛孔側では宙ぶらりんです。基底膜は弾力性のある板状の組織で，その長さは成人では 32〜35 mm 程度です。基底膜は，先端部（蝸牛孔側）へ行くほどより広く，薄く，やわらかくなっています。

基底膜はどのように振動するのか

図1-16 に示すように，基底膜の振動は前庭窓から蝸牛孔の方へ伝わります。この振動が進行波と呼ばれるものです。進行波は，一度大きくなってから，しだいに減衰します。進行波が最大となる場所は，周波数により異なります。低い周波数の振動は，蝸牛孔付近まで到達して最大となり，高い周波数の振動は前庭窓に近いところで最大となります。基底膜の変位が最大になる場所では，その場所にある聴神経が最も興奮します。低い周波数の純音に対しては基底膜の先端部に近い聴神経が最も興奮し，高い周波数の純音に対しては基底膜の根元に近い聴神経が最も興奮します。複合音の場合，各成分の周波数に応じた興奮場所が生じ，スペクトルの情報が基底膜の進行波に反映します。基底膜振動の最大変位点が周波数により異なることによって，蝸牛は周波数の違いやスペクトルの情報を認識する能力を持つことができるのです。

音響学で唯一のノーベル賞受賞者

蝸牛の中の基底膜を伝わる進行波が音の周波数の情報を伝えるという聴覚のメカニズムを解明したのは，ハンガリー出身の物理学者ゲオルグ・フォン・ベケシーです。ベケシーは，この研究で1961年ノーベル賞（生理学医学賞）を授与されています。音響学の分野でノーベル賞受賞しているのは，彼だけです（2021年時点での話ですが）。

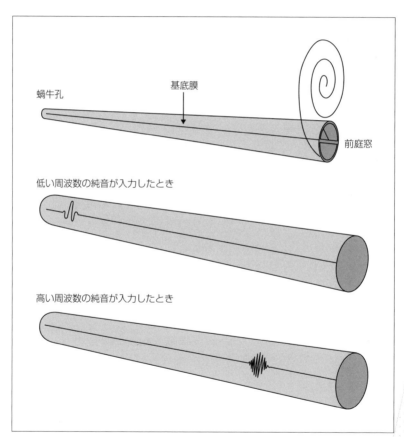

蝸牛孔

基底膜

前庭窓

低い周波数の純音が入力したとき

高い周波数の純音が入力したとき

図1-16 うずまき状の蝸牛を引きのばした様子と基底膜を伝わる進行波
（低い周波数の純音と高い周波数の純音が入力したとき）

1.18 蝸牛の有毛細胞が神経インパルスを脳に伝える

蝸牛は，音の情報を電気信号である神経インパルスの情報に変換する器官です。図1-17 に蝸牛の断面を示します。蝸牛の中は，前庭膜（ライスネル膜）と基底膜によって，リンパ液が分割されています。ただし，蝸牛の先端では，蝸牛の壁と基底膜の間に蝸牛孔と呼ばれる狭い隙間があります（図1-16 参照）。

内有毛細胞と外有毛細胞

基底膜の上には，内有毛細胞，外有毛細胞と呼ばれる先端に複数の毛のある細胞が乗っています。内有毛細胞は 1 列，外有毛細胞は 3 ないし 4 列程度で，基底膜上にずらりと並んでいます。内有毛細胞は 3,500 個程度，外有毛細胞は 12,000 個程度あると言われています。外有毛細胞の毛は蓋膜に接していますが，内有毛細胞の毛と蓋膜の間には少し隙間があります。

基底膜が動くと，蓋膜と内有毛細胞の毛の間にズレが生じます。その結果，内有毛細胞の毛が変位して，内有毛細胞の興奮を引き起こします。この興奮により，聴神経のニューロンが神経インパルスと呼ばれるごく短い電気信号を発生させます（この状態を「神経インパルスが発火する」と言います）。

外有毛細胞のすぐれた働き

外有毛細胞は，神経インパルスを発火させることはありませんが，基底膜の振動に伴い伸び縮みの運動を行います。外有毛細胞の伸び縮みにより，リンパ液の動きが激しくなり，内有毛細胞の毛の運動も増幅され，

このときに入力された周波数の音に対する感度が上昇します。また，外有毛細胞は，小さい音に対しては大きく運動しますが，大きな音に対しては運動を控えます。その結果として，蝸牛は鋭い感度と高い周波数分解能力を持つことができるのです。

外有毛細胞の動きによって生じる基底膜の動きは，中耳を逆に伝搬して，鼓膜を揺らします。その結果，弱い音が耳から発生することが知られています。そのような現象は，耳音響放射と呼ばれています。

図1-14 に示されていますが，蝸牛の上に3つのリングが組み合わされてできている三半規管と呼ばれる器官があります。三半規管は平衡感覚（バランス感覚）をつかさどり，聴覚に関する働きはしていません。平衡感覚器官と聴覚器官が隣接しているのは，進化の過程において，平衡感覚器官の一部が変化して聴覚器官が形成されたことの名残です。

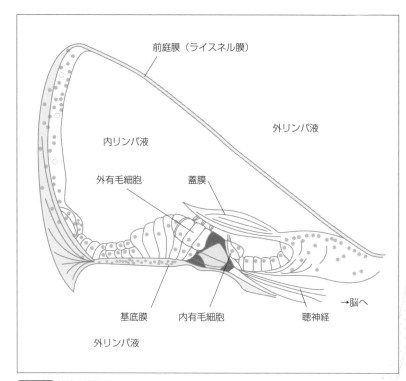

前庭膜（ライスネル膜）

外リンパ液

内リンパ液

外有毛細胞

蓋膜

基底膜　内有毛細胞

聴神経

→脳へ

外リンパ液

図1-17 蝸牛の断面図

1.19 神経インパルスが発火する様子

聴神経のニューロンを神経インパルスと呼ばれる短い電気信号が脳に伝わって，脳の中で「音」として認識されます。 **図1-18** に内有毛細胞から神経インパルスが発生する様子を示します。

神経インパルスとは

神経インパルスは瞬時に電圧が上昇し，直ちに下降する電気信号です。神経インパルスは，4〜5 kHz程度の周波数の音までは，音の周期の特定の位相のときに発火します。発火するのは，疎密波の疎の時点です。ひとつの細胞は発火しない時点もあるのですが，発火する場合はいつも同じ時点（位相）で発火します。複数の細胞をまとめると，周期的な音に対しては，発火が周期的に並びます。このような現象を位相固定といいます。位相固定により，波形の周期や位相などの時間情報が伝達されます。

ただし，4〜5 kHz以上の周波数の音に関しては，位相固定は生じません。どの時点でもほぼ等しい確率で神経インパルスは発火します。この周波数帯域では，波形の時間情報は伝達されません。

発火頻度で音の大きさが知覚できる

音の強さが増すと，神経インパルスの発火頻度が増加します。この情報で音の大きさが知覚できるのです。ただし，ある程度以上の大きさになると発火頻度は飽和します。さらなる音の大きさの増加は，興奮する範囲の広がりにより知覚します。

なお，聴神経は，音がない状態でも，ある程度の頻度で発火していま

す。この現象のことを自発性放電といいます。

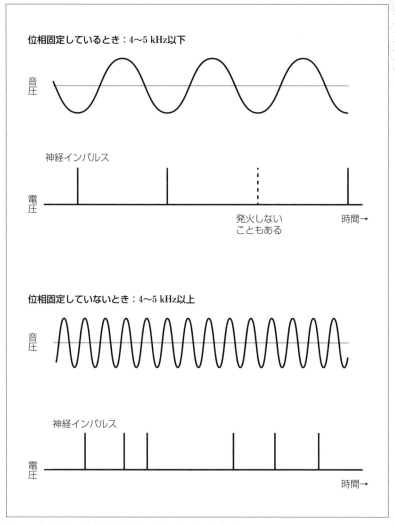

位相固定しているとき：4〜5 kHz以下

音圧

神経インパルス

電圧

発火しない
こともある

時間→

位相固定していないとき：4〜5 kHz以上

音圧

神経インパルス

電圧

時間→

図1-18 内有毛細胞から神経インパルスが発火する様子

1.20 聴覚フィルタが周波数分析をしてくれる

基底膜振動の最大変位点が入力する音の周波数により異なることにより，聴覚系は周波数分析をする能力を獲得しました。音が入力してきたとき，聴覚系はある周波数帯ごとに信号をふり分けるのです。つまり，聴覚系は中心周波数の異なる帯域通過（バンドパス）フィルタ群として機能するのです。このようなフィルタは，聴覚フィルタあるいは臨界帯域と呼ばれています。臨界帯域と呼ばれる聴覚フィルタ・モデルによると，人間の聴覚系は，24 個のフィルタ群としてモデル化することができます。その帯域幅は，臨界帯域幅と呼ばれています。臨界帯域幅は，周波数帯域によって異なります。**図 1-19** は，聴覚フィルタの概念を示したものです。**図 1-19** では，3 つのフィルタだけ示しますが，実際は 24 個のフィルタがあります。それぞれのフィルタは，限られた周波数帯域の信号だけを通過させ，それ以外の周波数成分をカットします。

図 1-20 に，聴覚フィルタの中心周波数と臨界帯域幅の関係を示します。点線で示された従来から使われている臨界帯域のデータによると，中心周波数が 500 Hz 以下の帯域では，臨界帯域幅は約 100 Hz 程度で一定です。500 Hz 以上では周波数と共に増加しています。500 Hz 以上の帯域では，臨界帯域幅と中心周波数の比が一定となります。500 Hz 以上の周波数帯域では，臨界帯域幅は約 $\frac{1}{4}$ オクターブ（3 半音）となります。

聴覚フィルタの働きにより，聞いている音にどういった周波数帯の音が含まれているのかが分かります。すなわち，聴覚フィルタによって周波数スペクトルの情報を得ることができるのです。

複数の成分から構成される音で，成分間の周波数差が臨界帯域幅よりも小さいときには，成分どうしが干渉して「うなり」を生じます（1.13

節参照）。臨界帯域幅よりも十分広い周波数差がある場合には，成分どうしが干渉することはありません。

　臨界帯域モデルは，様々な音響心理量を予測するための指標として広く用いられています。後で説明する音の大きさや音色といった音の感性を感じるしくみ，さらには和音の協和感が生まれる過程が，臨界帯域モデルの概念で説明されています（2章，3章参照）。また，音の大きさは臨界帯域ごとのラウドネスを加算して決定され，音色は臨界帯域ごとのパワーの分布によって特徴づけられるのです。

聴覚フィルタのデータには新旧がある

　なお，点線で示された臨界帯域と呼ばれる聴覚フィルタのデータは少し古く，図1-20 に実線で併記した新たに測定された聴覚フィルタ幅も利用されています。ただし，各種の音響心理量を予測するモデルは，まだ古い臨界帯域のデータに基づいています（新しいデータに準拠するように改めようとの動きはありますが）。

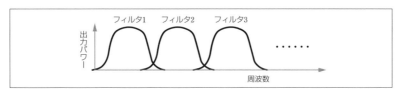

図1-19 聴覚フィルタ（臨界帯域）の概念図

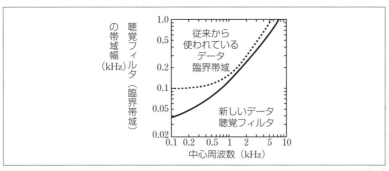

図1-20 各中心周波数の聴覚フィルタ（臨界帯域）の帯域幅

1.21 難聴は音楽を聴きすぎても生じる

　大音量の音を聞き続けると，音が聞こえにくくなってきます。この状態を一時的聴力損失と呼びます。一般に，一時的聴力損失は一定の時間後に回復します。しかし，一時的聴力損失が生ずるような環境で音を聞き続けていると，しだいに聴力が回復しなくなってきます。このような状態を永久的聴力損失と呼びます。永久的聴力損失は大音量の産業騒音にさらされる労働者などで多く生じていたことから，騒音性難聴とも呼ばれています。

騒音性難聴の特徴と原因

　工場などで産業騒音にさらされる年数が長くなってくると，聴力はどんどん低下してきます。騒音性難聴の特徴は，聴覚の最も敏感な 4 kHz 付近の聴力が著しく低下することです。この周波数付近では，騒音性難聴のかなり初期の段階から聴力低下が認められます。この付近の聴力が低下し始めると要注意です。騒音の影響による聴力低下を防止するためには，イヤー・マフなどと呼ばれる防音具を装着する，騒音にさらされる時間を短縮するなどの対策をとる必要があります。

　騒音性難聴は騒音だけが原因とは限りません。楽しみで聴いている音楽によって，生ずる場合もあります。実際，ロック・コンサート，クラブ（以前はディスコが例としてあげられていました），ヘッドホン聴取などの音楽が原因となった聴力低下の例も多数報告されています。ミュージシャン自身も，聴力低下の危険にさらされてきました。特に，携帯型の音楽プレーヤや音楽プレーヤの機能を備えたスマートホンが普及し，大音量で長時間にわたって音楽を聴取する人が増えてきたことか

ら, ヘッドホン難聴の危険性は WHO (世界保健機構) も警告しています。

感音性難聴は治療による回復が不可能

　騒音性難聴は, 内耳の有毛細胞が傷つくことによって生ずる, 感音性難聴の一種です。感音性難聴というのは, 音を感じる有毛細胞の傷害でおこる難聴のことです。感音性難聴の場合, 治療による回復は不可能です(動物実験レベルでは, 有毛細胞の治療の可能性も示されていますが)。さらに, 感音性難聴のやっかいな特徴は, 小さな音は聞こえにくいにもかかわらず, 大きな音では普通にうるさく聞こえることです。聞こえる音の幅 (聞こえる最も小さい音と苦痛なく聞こえる最も大きい音の差, ダイナミック・レンジという言い方もあります) が著しく狭くなっているのです。このような現象を聴覚のリクルートメント現象 (補充現象) といいます。リクルートメント現象があるため, 単に音を大きくするだけでは, 元々小さい音はいい具合に聞こえるのですが, 大きな音を大きくした音は耐えられない大きさの音になってしまうのです。

伝音性難聴は治療可能

　これに対して, 中耳などの音を伝達する部分の傷害によっておこるのが伝音性難聴です。伝音性難聴では, 単に聞こえてくる音の大きさが低下するだけです。音を大きくすることによって, かなり正常の状態に近づくことができます。一般に, 治療も可能です。

1.22 高齢社会で注目される 老化に伴う聴力低下

　難聴は，大音量の影響以外に，遺伝的要因，薬物，病気（インフルエンザ，はしか，おたふくかぜ等），外傷などによっても生じます。また，年をとると，通常の生活環境下においても，聴力は低下します。人間の可聴範囲は健康な成人で 20 Hz ～ 20 kHz といわれていますが，これは 20 歳前後の若者の場合で，加齢とともに可聴範囲が狭まってきます。老化に伴う聴力低下の特徴は，特に高い周波数の音が聞こえなくなることです。

年代および性別における傾向

　図1-21 に，年代別に聴力の低下の様子を示します。図1-21 においては，各周波数の純音に対する最小可聴値（音が聞こえる最小の音量）の上昇値（下方向）を示しています。図1-21 によると，年齢が高いほど，最小可聴値の上昇値が大きくなっています。また，60 歳代以上では，高い周波数ほど上昇値が大きくなっています。このことから，老化による聴力低下の特徴は，高い周波数の音が著しく聞こえにくくなっていることが分かります。男性の場合，聴力の低下がより顕著です。高齢化が進む今日においては，高齢者の聴力低下に対する配慮が必要とされています。

原因は文明生活にある?

　なお，アフリカの中央部のスーダンに住むマバーン族の人たちは，80 歳になっても20 歳代の聴力を有しているという調査もあります。マバーン族の人たちは，大きな音を立てることを好まず，非常に静かな生活を

送っているそうです。老化による聴力低下は，文明生活による影響が大
きいのかも知れません。

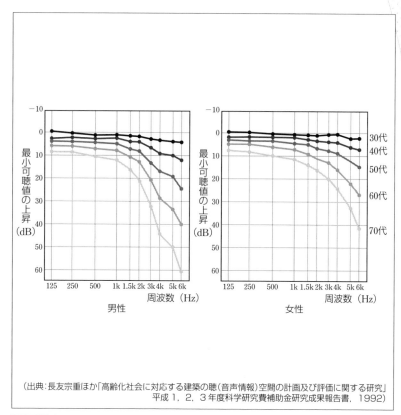

(出典：長友宗重ほか「高齢化社会に対応する建築の聴（音声情報）空間の計画及び評価に関する研究」
平成 1，2，3 年度科学研究費補助金研究成果報告書，1992)

図 1-21 各年代における聴力の低下（20 歳代を基準（0）として）：
縦軸の dB は音のパワーを表す単位（詳細は次章で解説）で，大きな値（下方向）
になるほど，音を大きくしないと聞こえないことを示す

1.23 補聴器と人工内耳が聴覚の衰えを補ってくれる

　視力が衰えたことを補うために眼鏡が用いられるように，聴覚の衰えを補ってくれるのが補聴器です。従来，補聴器は音を増幅するだけの器具でしたが，最近は個人の聴力の特性に合わせて増幅の特性を調節する（フィッティング）機能が組み込まれ，きめ細かい対応ができるようになっています。また，小型化も進み，目立たなく装着することもできるようになってきました。

人工内耳の役割

　ただし，補聴器はあくまでも残された聴力を有効に利用するための装置です。聴力を完全に失った場合には，有効ではありません。聴力を完全に失った場合に用いられるのが，人工内耳です。人工内耳は，音を電気信号に変換させる装置を耳の中に埋め込んで，蝸牛の代わりをさせる装置です。人工内耳は，聴力を失った人に，「福音」を与える最新の医療技術といえるでしょう。

第 2 章
音の物理と心理

　「音」という言葉には，空気の振動としての音の物理的側面の意味と，その結果として生ずる人間の聴覚的感覚としての2つの意味があります。聴覚的感覚としての音が有する3つの側面，音の大きさ，音の高さ，音色のことを，音の3要素といいます。音の3要素に，音の長さ，音の定位といった時間的，空間的側面を加えて音の心理的な感覚を表すこともありますが，長さ，定位といった性質は聴覚に固有な性質ではありません。

　音の3要素は聴覚に固有な性質で，音の感性的な側面を理解する上で重要な聴感覚を表したものです。本章では，音の3要素の特徴を述べるとともに，各要素における音の物理的性質と心理的性質の関係を解説します。

2.1 音の大きさとデシベル

音の大きさは，その心理的性質も物理量との対応関係も比較的単純な性質です。身の回りのさまざまな音は，感じられる「音の大きさ」に応じて直線上に並べることができます。つまり，「音の大きさ」は，「←小さい……大きい→」という反対の形容詞の印象を両方向とする尺度の上に表現できる，1次元的な性質なのです。

音圧の実効値

音の大きさは，基本的には音の強さ（パワー：時間あたりのエネルギー）と対応します。音の強さが増せば音は大きく，弱まれば小さく感じられます。音の強さは音圧の自乗（2乗）に比例することから，音圧（圧力の変化）の実効値 P_e（自乗平均値：自乗したうえで平均値を計算し，平方根をとった値）を音の大きさと対応させることができます。音圧の実効値は， $P_e = \sqrt{\dfrac{1}{T}\displaystyle\int_0^T P^2(t)\,dt}$ となります。$P(t)$ は時間 t における瞬時音圧，T は音の周期（周期的な音の場合）または音圧レベルがほぼ一定になる時間を表します。

音の大小の感覚は対数で表わされる

しかし，音圧で音の聞こえる範囲を表すと，非常に広い範囲に及び，音の大小の感覚ともうまく対応しません。むしろ，音圧の桁数との方が音の大きさとよく対応します。この対応関係をうまく表現する関数が対数です。対数の定義と底を 10 にした場合の真数と対数（べき数）の関係を 表2-1 に示します。 表2-1 に示すように，対数というのは，1，10, 100, 1000, 10000, 100000 のように比が一定である関係を，0, 1, 2, 3,

4, 5 という差が一定の関係に変換する関数です。音の大きさを見積もる尺度として，音圧を対数の関数で変換した音圧レベルが用いられています。

　感覚量を対数尺度で表現するという考えは，フェヒナーの法則という心理学の理論が基礎になっています。フェヒナーの法則とは，感覚量と刺激強度の関係を表す法則で，「人間の感覚量 R は，刺激強度 S の対数に比例する（$R = C \log_a S : C$ は定数，a は底）」との考えです。音圧レベルは，この関係を反映した尺度なのです。

音圧レベルの定義

　音圧レベルは，$20 \log_{10} \dfrac{P_e}{P_{e0}}$ と定義されています。P_e は音圧の実効値です。基準の実効音圧 $P_{e0} = 0.00002$ Pa（パスカル）は，最小可聴値にほぼ等しい値に定められています。音圧レベルの単位は，デシベル（dB）です。0 dB は最小可聴値（実際は，後述するように周波数に依存する）に近い値となります。音楽の強弱記号もおおよそではありますが，音圧レベルと対応させることができ，p（ピアノ）で 60 dB 程度，f（フォルテ）で 80 dB 程度です。

表2-1 対数の定義と真数と対数の関係（底が 10 の場合）

$X = a^Y \longleftrightarrow Y = \log_a X$ （X：真数，a：底，Y：べき指数 ＝ 対数）

$X = 10^Y \longleftrightarrow Y = \log_{10} X$ （底 $a = 10$ としたとき）

$X = 1, 10, 100, 1000, 10000, 100000$ （比が一定）

$Y = 0, 1, 2, 3, 4, 5$ （差が一定）

2.2 デシベルのメリット

音圧レベルは，音が大きくなったり小さくなったりしたと感じられる最小の音の強さの変化量（弁別閾：ちょうど違いの分かる刺激）を表すのにも有効です。弁別閾は，刺激の強さに比例します。この関係は，ウェーバーの法則と呼ばれています。従って，弁別閾を音のパワーで表すと，刺激強度が強くなるほど大きくなります。しかし，音圧レベルで表すと，刺激の強さに関わらず，弁別閾はほぼ一定になります。音の強さの弁別閾は，0.5 から 1.0 dB 程度です。 表2-2 に，音圧レベルに対応する音の強さ（パワー）および音楽の強弱記号の関係を示します。私たちが日常接する音の音圧レベルは，だいたい 40 dB 以上で 100 dB 未満です。この範囲を音の強さで表すと，0.00000001 ～ 0.01 ワット/m² の範囲になってしまいます。また，弁別閾のことを考えると，音圧レベルの小数点以下の数字はほぼ意味がありません。したがって，私たちが日常接する音の音圧レベルは，2 桁で表現できることになります。

以上のことをまとめると，音圧レベルという尺度のメリットとしては，①人間の音の大きさとの対応関係がいい，② 2 桁というほどよい桁数の数字で日常接する音量を表すことができる，③ちょうど違いの分かる音の強さを一定の値で示すことができる…となります。

表2-2 音圧レベルに対応する音の強さおよび音楽の強弱記号の関係

音圧レベル (dB)	音の強さ（ワット/m²）	音楽の強弱記号
100	0.01	fff
80	0.0001	f
60	0.000001	p
40	0.00000001	ppp

2.3 等ラウドネス曲線は聴覚の感度の周波数依存性を表す

　ただし，同じ音圧レベルの音でも，周波数が異なると感覚としての音の大きさが違います。同じ音圧レベルでも，大きく聞こえる音もあれば，そうでもない音もあるのです。その様子を表したのが **図2-1** です。

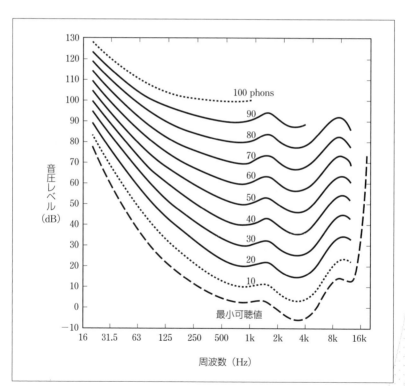

図2-1 等ラウドネス曲線：同じ大きさに聞こえる音を線で結ぶ

等ラウドネス曲線

図2-1 の縦軸は音圧レベル，横軸は周波数を表し，図中，同じ大きさに聞こえる純音を線で結んでいます。このような曲線は，等ラウドネス曲線と呼ばれています。ラウドネス（loudness）という言葉は，英語で音の大きさを意味する言葉です。例えば，70 dB 程度の 1 kHz の純音と大きさを等しくするためには，125 Hz の純音では 80 dB 以上にしなければならないのです。等ラウドネス曲線の最下段の曲線（破線）は，音として聞こえる限界（最小可聴値）で，各周波数のこれ以下の音圧レベルの音は聞こえません。

ラウドネス・レベルの単位 phon

ラウドネス・レベルは，1 kHz の純音の音圧レベルを基準として定められた，音の大きさを見積もる尺度です。この尺度では，対象とする音と同じ大きさに聞こえる基準音（1 kHz の純音）の音圧レベルをラウドネス・レベルと呼び，phon を単位とします。ラウドネス・レベルが同じ音は，音の大きさの等しい音ということになります。例えば，音圧レベル 70 dB の 1 kHz の純音と大きさの等しい純音は，周波数にかかわらず，70 phons と表現されます。

4 kHz付近の音に最も敏感

図2-1 にも示されていますが，人間の聴覚は 4 kHz 付近の周波数の音に対して最も敏感で，これよりも低くても高くても聴覚の感度は鈍くなり，同じ音圧レベルの音でも小さく感じます。4 kHz 付近の周波数帯域では，最小可聴値も最低レベルで，0 dB 以下の音圧レベルの音まで聞こえます。

2.4 騒音レベルは聴感補正特性で補正した音圧レベル

　ラウドネス・レベルは，等ラウドネス曲線を使って，きめ細かく聴覚の周波数特性を補正した音圧レベルです。等ラウドネス曲線を簡略化して，40 phonsの等ラウドネス曲線のみを利用して補正した音圧レベルが，騒音レベルという尺度です。

騒音レベルの聴感補正特性

　図 2-2 に，騒音レベルで用いている聴感補正特性を示します。この特性は A 特性と呼ばれ，40 phons の等ラウドネス曲線の逆の形を近似したカーブになっています。おおざっぱではありますが，聴覚の感度のいい部分を大きく見積もる特性になっています。単位は，やはり dB です。騒音レベルは，A 特性と呼ばれる聴感補正特性で補正した音圧レベルなので，A 特性音圧レベルと呼ばれることもあります。

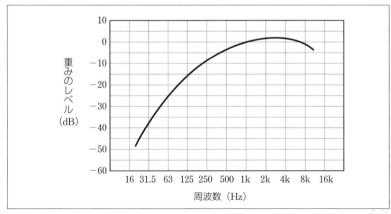

図2-2　騒音レベルで用いられている聴感補正特性（A 特性）

環境騒音は騒音レベルで測定する

環境騒音は，騒音レベルで測定することになっています。 **図2-3** にさまざまな環境における騒音レベル（平均的な値）を示します。示された測定値は，都市空間およびその近郊で測定されたものです。

図2-3 によると，身の回りのさまざまな環境の騒音レベル（A 特性音圧レベル）は，ホテルの室内のような非常に静かな環境で 30 dB，図書館で 40 dB，書店の店内で 50 dB，ファミリーレストランの店内で 60 dB，新幹線車の車内で 70 dB，飛行機の機内で 80 dB 程度，パチンコ屋の店内では 90 dB に迫るレベルとなっています。

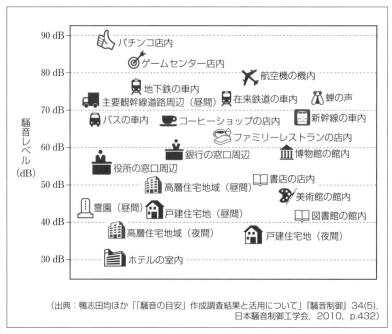

（出典：鴨志田均ほか「「騒音の目安」作成調査結果と活用について」『騒音制御』34(5)，日本騒音制御工学会，2010，p.432)

図2-3 さまざまな環境での騒音レベル（平均的な値）：
都市空間およびその近郊での測定

2.5 男と女のラウドネス （ラブソングではなく？）

さまざまな騒音レベルの音環境に対して，静かな環境であるとか，うるさいとかさまざまな程度の印象をいだきます。音の大きさの印象には個人差もありますが，男性と女性とでも異なるようです。

男性と女性では音の大きさの印象が違う

女性は音の大きさに対してよりセンシティブで，「大きい音」と感じ始めるレベルは，男性より低いレベルです。また，女性が「小さい音」と感じ始めるレベルは，男性より高いレベルです。同じ音に対して，女性の方がより「大きな」印象を感じているのです。

ちょうどいいボリュームの印象がすれ違うわけ

その結果，音楽を聴くレベルをちょうどいい大きさにボリュームで調整すると，男性の方が高いレベルになりがちです。そして，男性がちょうどいいと思って聴いている音楽が女性にとって少しうるさかったり，女性がちょうどいいと感じているレベルが男性にはもの足りなかったりします。

2.6 ラウドネスは音の 大きさの比率関係を表す

A特性音圧レベル，ラウドネス・レベルは，人間の感覚をある程度反映した尺度で，値が大きくなるほど音は大きくなります。ただし，これらのレベル値は，単に音の大きさの大小関係の順序を表すのみです。レベル値が2倍になったからといって，感覚的に2倍の大きさになるわけではありません。

ラウドネスは感覚の比例関係も反映している

ラウドネスという尺度は，2倍の大きさになれば，感覚的な音の大きさも2倍になるという感覚の比率関係も反映した測定値です。ラウドネスの単位は sone です。20 sones の音は，10 sones の音の2倍の大きさになっているのです。

ラウドネスの求め方

ラウドネスを求めるには，対象とする音の臨界帯域（聴覚フィルタ）（1.20節参照）ごとに含まれるパワーを求め，これを帯域ごとのラウドネスに変換し，すべての帯域のラウドネスを足し合わせる（音全体のラウドネスを求める）という手続きをとります。実際には，図2-4 に示すようなチャートを使って臨界帯域ごとの音圧レベルをこのチャート上に描き，描いた面積を求めることによってラウドネスを算出するのです。

図2-4 のチャート上に描かれたパワー分布の形状と面積が等しくチャートの底辺上に描かれた長方形の高さを，チャートの右側に示す物差しで測定してラウドネスが求まります。この物差しには，ラウドネス（sone）とラウドネス・レベル（phon）の対応関係も示されていて，求まっ

たラウドネスをラウドネス・レベルに変換することができます。描かれた各帯域のパワーを描くチャートの右側がなだらかな右下がりのカーブになっているのは，低い周波数帯域の成分が高い周波数帯域を聞こえにくくするマスキングの効果（2.7節参照）を考慮しているからです。

　なお，このようなチャートでラウドネスを求めるのは古い手法で，現在はソフトウェアで計測します。ただし，求め方が視覚的に理解しやすいので紹介しました。

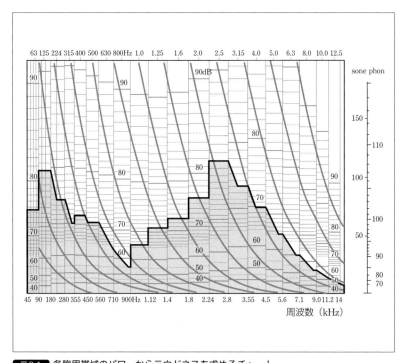

図2-4 各臨界帯域のパワーからラウドネスを求めるチャート

2.7 マスキングとは妨害して 聞こえなくすること

　マスキングとは，ある音が他の音を聞こえなく，あるいは聞こえにくくする現象のことです。2.6 節で説明したラウドネスは，帯域ごとのラウドネスを求めるときに，マスキングの効果も補正しています。

同時マスキングの効果

　一般にマスキングというと，同時マスキングのことで，同時に存在する音どうしが干渉して音を聞こえにくくすることを意味します。同時マスキングの効果は，影響を及ぼしあう音の周波数帯域の違いにより異なります。周波数帯域が近いほど，マスキングの効果は大きくなり，マスクされた音はより聞こえにくくなります。また，低い側の音が高い側の音をマスクする効果は，高い側の音が低い側の音をマスクする効果よりも大きくなります。

　図 2-5 に，純音によって聴神経が興奮するパターンを模式的に示します。大きい興奮パターンはマスクする側の音，小さい 2 つの興奮パターンはマスクされる側の音です。マスクする音とマスクされる音のピッチの差は，低域側，高域側ともほぼ等しいとします。興奮パターンはそれぞれの音の周波数において最大となり，その周波数よりも低域の周波数帯域では急激に小さくなっていますが，高域の周波数帯域ではゆるやかに小さくなっています。このような聴神経の興奮パターンの非対称性は，蝸牛の基底膜の進行波の変化パターンに由来します。マスクされる音の興奮パターンは，高域ではマスクする音にすっぽり隠れてしまいますが，低域ではマスクする音より大きくなる部分があります。このような聴神経の興奮パターンの非対称性のため，マスクする音のマスキング効果は

低音側に比べて高音側の方が大きくなるのです。

マスキングの種類

マスキングには，同時マスキング以外に，順行性マスキング，逆行性マスキングといわれる，時間的に後の音，前の音をマスキングする現象もあります。順行性マスキングとは，前に出た音が後から出た音をマスクする現象です。逆行性マスキングとは，後から出た音が前の音をマスクする現象です。常識から考えると，時間をさかのぼって影響を及ぼす逆行性マスキングは，あり得ない現象です。しかし，強い音を聞いたときに発火する神経インパルスの速度が，その前に聞いた小さな音で発火した神経インパルスよりも伝達速度が速いため，逆行マスキングが生ずるのです。ただし，順行性マスキング，逆行性マスキングの効果は，同時マスキングに比べると，ごくわずかです。時間的に前後する音が影響を及ぼす時間も，極めて短いものです。

マスキング効果を役立てる方法

騒音にさらされて会話が聞こえないなど，マスキングは迷惑な存在ですが，逆転の発想で役に立つ存在にすることもできます。大事な話をする場所で，スピーカから音楽やノイズを流して，そのマスキング効果を利用することによって，大事な会話を他人に聞かれなくするといった活用方法もあります。また，不快な騒音にさらされる場所に BGM を流して，そのマスキング効果で騒音の不快感を軽減することも可能です。

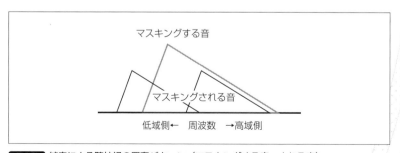

図2-5 純音による聴神経の興奮パターン（マスキングする音，される音）

2.8 音の高さ（ピッチ）の2面性： トーン・ハイトとトーン・クロマ

音の高さ（あるいはピッチ）の場合も，音の高さが明瞭である音に限りますが（広帯域ノイズでは音の高さの感覚は不明瞭です），音の大きさの場合と同様に「←低い……高い→」という尺度上に音を順番に並べることができます。音の高さも，1次元的な性質であるといえます。音の高さと対応するのは，純音の場合は周波数（1秒間に振動する回数）で，周期的な複合音の場合は基本周波数（一番低い成分の周波数）となります。音の高さにおいても，物理量との対応関係は比較的単純です。

音階を上昇する音はらせん状に上昇するように感じる

ただし，ピッチの感覚には，一直線に上昇・下降する直線的な感覚とともに，オクターブ上昇・下降するとまた元にもどったようなに感じる循環的な感覚も含まれます。オクターブとは，基本周波数が2倍あるいは $\frac{1}{2}$ 倍になる音程（ピッチの隔たり）です。循環的なピッチ感覚は，楽器で音階を奏でたときに実感できます。そのため音楽で用いられる階名は，「ドレミファソラシド」とオクターブごとに同じ階名を使います。このような循環的なピッチの感覚はトーン・クロマと呼ばれ，トーン・クロマにより楽器で音階を上昇（下降）させ続けると，直線的なピッチの上昇（下降）とともにグルグル回り続けるようなピッチ感が得られます。一方，周波数の増加（減少）とともに直線的にピッチが上昇（下降）するピッチ感覚のことをトーン・ハイトと呼んでいます。 図2-6 にトーン・ハイトとトーン・クロマの関係を表します。音階を上昇する音は，らせん状に上昇するように感じられるのです。

オクターブというのは基本周波数が2倍（あるいは $\frac{1}{2}$ 倍）になる音

程ですから，基本周波数が 440 Hz の音のオクターブ上は 880 Hz，その
オクターブ上は 1,760 Hz，さらにそのオクターブ上は 3,520 Hz の音と
いうことになります。周波数という物理量の比が一定となる条件で，オ
クターブという等間隔のピッチ感覚がもたらされるのです（オクターブ
の感覚も，音の大きさが音圧レベルで近似できるのと似たような対応関
係です）。

ピッチ感覚があいまいになる音

なお，ノイズのような広帯域で連続スペクトル状の音からは，ピッチ
の感覚は生じません。離散スペクトルの音においても，成分が非調波関
係（成分音の周波数が基本音の周波数の整数倍ではない関係）の場合に
は，ピッチの感覚はあいまいになります。また，連続スペクトル状の音
でも，狭い周波数範囲にパワーが制限された狭帯域ノイズからは，ある
程度はピッチの感覚は生じます。狭帯域ノイズのピッチは，帯域が狭く
なるほど，明確になります。

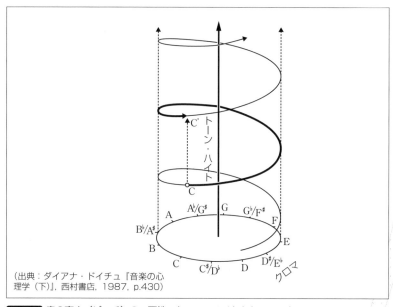

（出典：ダイアナ・ドイチュ『音楽の心
理学（下）』，西村書店，1987，p.430）

■図2-6 音の高さ（ピッチ）の２面性：トーン・ハイトとトーン・クロマ

2.9 周期的複合音のピッチは、基本音がなくても基本音のピッチ

複数の成分から構成される周期的複合音のピッチ（高さ）は、一番低い周波数の成分である基本音と等しい周波数の純音のピッチと同じです。さらに、基本波を含まない場合でも、基本音に相当するピッチ（レジデュー・ピッチ）が知覚されます。この現象を説明するために、「ピッチは波形の周期に基づく」とする時間説と、「ピッチはスペクトル・パターンに基づく」とする場所説という2つの説が提案されています。

時間説と場所説の議論

周期的複合音では、波形の周期は、基本音がない場合でも基本音がある場合でも同一です。そして、この周期の逆数（$\frac{1}{周期}$）が基本周波数に一致します。時間説では、神経インパルスがもたらす時間情報から得られる波形の周期から基本周波数の情報を得て、ピッチの知覚がなされると考えるのです。しかし、時間情報が正確に得られない状況でもピッチの知覚が可能であることが示され、時間説の矛盾が指摘されました。

このような批判を背景に、パターン認識の原理を適用したモデルが発表されました。このモデルは、聴覚末梢系における周波数分析と、中枢系でのパターン認識という2段階の処理を前提としています。パターン認識によって、倍音構造から、基本波が存在しない場合でも基本周波数が推定できると考えたのです。

しかし、ピッチ知覚において、時間説でしか説明がつかないピッチ知覚現象もあるのです。例えば、広帯域ノイズを振幅変調した場合に生ずる、時間情報のみによってもたらされるピッチの存在（変調周波数と等しい周波数の高さが知覚される）は、場所説では説明できません。また、

振幅包絡（振幅のおおざっぱな変化形状）による時間情報が付加することにより，場所情報だけではあいまいなピッチが明瞭になることもあります。

ピッチ知覚は二者択一の処理ではない

ピッチ知覚は，場所説か時間説かという二者択一の処理ではないのです。両者が共にスペクトル情報の抽出に貢献し，中枢系ではこれに何らかの処理が加えられてピッチの決定が行われるのです。ただし，場所情報に基づくピッチが全可聴周波数帯に及ぶのに対して，時間情報に基づくピッチは，5 kHz 未満に限られています。この周波数は，聴覚神経が音の周期に同期して発火できる（位相固定の）限界を示すものです。

ピッチを感じる最小時間

ピッチを感じるためには，ある程度以上の時間が必要とされます。70 dB，1 kHz の純音では，16 ミリ秒程度の長さがあれば，ピッチを感じることができます。70 dB，250 Hz の純音では，ピッチを感じるためには 40 ミリ秒程度の時間を必要とします。もっと音圧レベルの高い音では，ピッチを感じるための時間は短くなります。なお，ピッチを感じることができる最小の時間よりも短い時間の音でも，クリック・ピッチと呼ばれる，「コツッ」「クルッ」という感じのピッチと類似した感覚は生じます。

2.10　絶対音感者は，周りの音をドレミで認識する

　音を聴いて，即座にその音名を言い当てる人がいます。そのような感覚を絶対音感と言います。絶対音感とは，ある音を単独で聴いたときに，他の音と比較することなく，その音の音名（ピアノのどの鍵かに相当するピッチ）を言い当てることのできる能力です。このような能力は，小さい頃から音楽の訓練を積み重ねた人にしか身につきません。絶対音感を持った人は，楽器の音だけではなく，茶碗を叩いた音とか，機械のノイズなど様々な音の音名も，即座に言い当てることができます。

絶対音感者はどれだけ聴き取れるのか

　絶対音感者の音名判定精度はピアノのような楽器で最も高く，電子音である純音では低くなります。また，中音域でより正確になり，低音域や高音域では少し正確度は低下します。また，ピアノの黒鍵の音より白鍵の音の方がより正確に判定できます。そして，絶対音感が有効なのは，4 kHz ぐらい（ピアノの最高音付近）までのピッチの音に限られ，絶対音感者でも，それより周波数の高い音の音名は判定できないようです。

　ただし，どれだけ小さい周波数差まで聞き分けられるかという周波数の弁別限は，絶対音感者が特に優れているというわけではありません。相対的な音程は正確であっても基準音 A の音が 440 Hz からずれると，絶対音感者は気持ち悪くてそんな音楽は聴いていられないそうです。また，調が変わっても C の音をドと読む固定ド唱法で歌うのが得意で，調の変化に合わせてドになる音名が変化する移動ド唱法で歌うことが苦手だと言います（絶対音感者が言い当てているのはハニホあるいは CDE の音名なのですが，階名であるはずのドレミで答える傾向があります）。

2.11 ピッチが上昇(下降) し続ける無限音階

図2-7 を見てください。これは,オランダの版画家エッシャーが描いた無限螺旋階段と呼ばれるだまし絵を真似て,イラストにしたものです。この絵の階段を上る人を見てください。いつまでも階段を上っているように見えると思います。人間の目の錯覚を利用して,こんな絵ができるのです。

無限音階のしくみ

これに対して,人間の耳を錯覚させるのが無限音階です。 図2-8 のようなスペクトルの音を利用して音階を作ると,無限音階ができます。

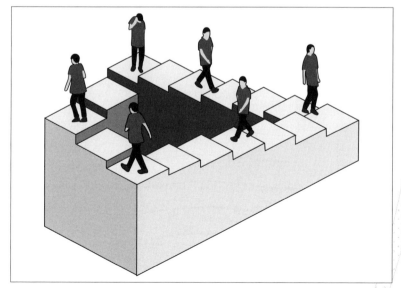

図2-7 エッシャーの無限螺旋階段

無限音階を構成する音のスペクトルは，構成するそれぞれの成分は異なりますが，スペクトルのおおざっぱな形を表す包絡線（エンベロープ）の形状は同じです。このスペクトル包絡線の特徴は，スペクトルの中央付近はパワーが大きく，低域・高域に向けてパワーが低下し，最低・最高周波数付近の情報が不明瞭になっていることです。各成分の周波数は，オクターブごとに隔たっています。

　このような音の最低周波数が最も低い音から最も高い音までを順番に鳴らし，一巡するとまた最低音から最高音へと鳴らしてということを繰り返します。 図2-8 では，一番下の音から上の方へ順番に鳴らし，一番上の音まで鳴らした後はまた一番下の音から上の音へと鳴らすことになります。このような一連の音列を聞くと，ピッチがいつまでも上昇し続けるように聞こえるのです。最高音から最低音への逆方向の繰り返しを聞くと，ピッチはずーと下がり続けます。

　このような音は，スペクトル・エンベロープ（スペクトルのおおざっぱな形状）が一定であるため，トーン・ハイトの変化が感じられず，基本周波数もあいまいであるため，トーン・クロマのみが知覚されます。その結果，一定の音域内での変化が繰り返されているにもかかわらず，ピッチが上昇あるいは下降し続けるように知覚されるのです。

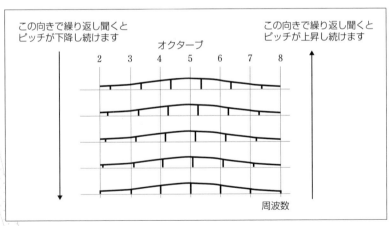

図2-8 無限音階を構成する音のスペクトル・エンベロープ

2.12　音色は複雑な性質

　音の大きさ，音の高さと比較して，音色の性質はもっと複雑です。

　音色という聴覚的な性質は，大きさ，高さと違って，1つの尺度上に順番に並べること（1次元的に表現すること）はできません。音色を表現するためには，「明るさ」「きれいさ」「豊かさ」などさまざまな表現を必要とします。音色の違いを表現するためには多くの尺度を必要とするため，音色は多次元的であると言われています。その多次元的な性質により，音色は音の感性的な側面の多くの部分を担うことになるのです。

　また，物理量との対応関係も複雑で，対応する物理量は1つではありません。音色と対応すると考えられる物理量を列挙すると，スペクトル，立ち上がり，減衰特性，定常部の変動，成分音の調波・非調波関係（成分が倍音関係にあるか，倍音からずれているか），ノイズ成分の有無など多岐に渡ります。これらの音響的性質（物理量）は，すべて音色を区別する手がかりとなっています。手がかりが豊富であるおかげで，私たちはオーケストラの演奏音のような多彩な音色を楽しむことができるのです。

識別的側面,印象的側面の2つの側面

　さらに，音色の特徴として，何の音であるかを聞き分ける識別的側面と音の印象を形容詞などで表現する印象的側面の2つの面があることがあげられます。これら2つの側面は，まったく異なる聴覚の感覚なのですが，いずれも音色という言葉でひとくくりにされているのです。

2.13 音色の印象的側面は3次元

　「明るい」「暗い」「固い」「柔らかい」「きれいな」「汚い」「豊かな」「貧弱な」など，音色の印象を表す言葉を数え上げればきりがありません。無限に存在するような気もします。多くの言葉で表現できることが，音色の特徴となっているのです。しかし，例にあげたそれぞれの言葉がすべて独立した意味内容を持っているわけではありません。かなり似通った意味内容のものもあれば，2つの言葉の中間的存在といえるような言葉もあります。また，言葉としての内容は異なっていても，音に対する性質としては類似している場合もあります。実際，音色の印象を表す言葉を統計的手法で分析した結果によると，音色を表現する言葉は3ないし4次元程度の空間上の座標で表せることが示されています。従って，音色の印象的側面は，3つないし4つの独立した因子（これを音色因子と呼びます）に集約できると考えられます。

美的因子，金属性因子，迫力因子の3つの因子

　代表的な音色因子は，美的因子，金属性因子，迫力因子といわれるものです。図2-9 に美的因子，金属性因子，迫力因子から構成される3次元の音色因子空間を示します。各因子は直交しています。音色の印象の特徴は，図2-9 に示す音色空間上の布置（座標）で表すことができます。音色因子は，各種の音色の印象を表す言葉の性質を集約したもので，表現語と直接対応するものではありませんが，意味内容の近い表現語は存在します。美的因子であれば「澄んだ − 濁った」「きれいな − 汚い」「なめらかな − ざらざらした」，金属性因子であれば「鋭い − 鈍い」「明るい − 暗い」「固い − 柔らかい」，迫力因子であれば「迫力あ

る－もの足りない」「力強い－弱々しい」「豊かな－貧弱な」といった
反対の意味の音色表現語を組み合わせた表現語対が対応します。各表現
語対は，各因子のプラス側とマイナス側に対応します。

　各因子の性質はこれらの表現語対の意味内容を反映したものではあり
ますが，必ずしも各因子の性質を代表する各表現語が同じ意味内容を
持っているとは限りません。あくまでも，音に対する表現のしかたが似
ているということです。例えば，「明るい」「固い」「鋭い」の意味はまっ
たく異なりますが，「明るい」と感じられる音は，「固い」「鋭い」と感
じられる音でもあるということです。各因子の性質を表す表現語群は，
音の印象と音響特性との関係において，共通した傾向を示す表現語群な
のです。

　音色因子の特徴は，音響特性と対応させることもできます。各種の音
は，その特性に応じて，音色因子軸上に並ぶことになります。

　金属性因子は，スペクトル構造における，周波数軸上でのパワー分布
と対応します。高い周波数帯域に強いパワーを有する音は「鋭い」「明
るい」「固い」印象，低い周波数帯域に強いパワーを有する音は「鈍い」
「暗い」「柔らかい」印象をもたらします。

　美的因子もスペクトル構造と関係しますが，美的因子と対応するのは
周波数軸上での成分の密度です。成分の密度が高く，成分と成分の間の
周波数間隔が狭い場合，「きたない」「濁った」印象となります。逆に，
成分の密度が低く，成分と成分の間の周波数間隔が広い場合，「きれいな」
「澄んだ」印象となります。

　迫力因子は音量とスペクトル構造と関係します。音量が大きく低域にパワーが豊富な音は，「迫力ある」「豊かな」印象となります。音量が小さく低域にパワーを含まない音は，「物足りない」「貧弱な」印象となります。

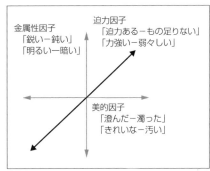

図2-9 美的因子，金属性因子，迫力因子から
構成される音色因子空間

2.14 音色の識別的側面は 聞き分ける力

音色の識別的側面とは，音を聞いて，何の音であるのか，どういう状態であるかが分かるということを表す側面です。音を聞き分ける，分類する側面といってもいいでしょう。楽器の演奏を聞いて，トランペットの音だとかバイオリンの音だとか聞き分けられるのも，音色の識別的側面によるものです。言葉でコミュニケーションできるのも，いろんな発音を「聞き分けている」からです。また，言葉を聞き分けるだけではなくて，しゃべっている人を聞き分けることもこの側面の働きによります。電話で声だけ聞いて誰の声か分かるのも，いろんな人のしゃべり声を聞き分けているからです。

あいまいなパターン認識能力のおかげ

音を聞き分けられる（識別ができる）のは，聞こえてきた音と記憶の中にある音を照合する過程の働きによっています。私たちは，日常生活の中でさまざまな音を聞いて，それらの音を記憶しています。そして，聞こえてきた音を，記憶の中にある音と照合させて，何の音であるのかを判断します。聞こえてくる音は，実際には過去に経験し記憶している音と完全に同一ではありません。しかし，その音を特徴づける性質がある程度一致していれば，私たちは「同じ種類の音である」と判断するのです。

例えば，バイオリンの演奏音をはじめて聞いたとき，それをバイオリンという楽器と関連づけて記憶します。その記憶によって，バイオリンの音を聞いて，バイオリンの音だと聞き分けることができるのです。聞こえてきたバイオリンの音が記憶した時のバイオリンとは別のバイオリ

ンで演奏されていたとしても，バイオリンの音を聞き分けることができます。それは，人間の言葉でも同様です。「あ」という母音は，「あ」を記憶したときと異なる人が発音した「あ」を聞いたときにも，「あ」と識別できます。喋る人が違えば，同じ「あ」でもその物理的特徴は異なります。しかし，「あ」という母音を特徴づける共通の性質を抽出できれば，「あ」と聞こえるのです。人間の聴覚系にはそのようなパターン認識の機能が備わっています。そのような機能が，音色の識別的側面を支えているのです。このようなことから，音色を識別するさいのパターン認識過程は，あいまいな（ファジィ）パターン認識であるといえます。

さらに，ある人の声を憶えたら，その人が過去に喋ったことのないような話をしても，その人の声だと識別することができます。楽器の音でも，その楽器の音を憶えたときとまったく別のメロディの演奏を聴いても，その楽器の識別ができます。こういう技ができるのは，私たちに記憶の中の音から音のイメージを再構成する能力があるからです。イメージの世界で，お気に入りの楽器を使って，お気に入りのメロディを奏でさせることもできます。思いを寄せる人に告白させることもたやすいことです。

耳が聞こえなくても作曲は可能

音の記憶とは，その音を特徴づけるパターンの記憶なのです。私たちは，そのパターンを別の状況においたときどんな音になるのかを，ある種の補間機能を用いてイメージすることができます。その能力のおかげで，知っている楽器なら，好きな曲のメロディをイメージすることができるのです。そのため，楽器がなくても，イメージができれば作曲が可能なのです。極端な話，耳が聞こえなくても作曲は可能です。

2.15 ものまね芸人は 「らしさ」解析の達人

音のイメージを再構成する能力があるがために，だまされることもあります。音の持つ特徴を巧みに模倣すれば，本物の音でなくても，本物と判断してしまいます。ものまね芸が成り立つのは，このような聴覚の特性があるからです。

音のイメージを再構成する能力

栗田寛一，コロッケ，コージー冨田，原口あきまさ，ホリなど多くのものまね芸人は有名人になりすまし，本人が言ったことがないことを言いそうないい方で喋ることができます。それでも本人が言ったとしたらそんな感じだろうと我々が認識できるので，ネタが成立するのです。ものまね芸を支えているのは，我々が持っている音のイメージを再構成する能力なのです。

ものまね芸人は「本人らしさ」を分析して，ものまねフィルタを形成し，そのフィルタを通して発話します。その過程は，我々が記憶の中の音を再構成するプロセスそのものです。ものまね芸人は，「本人らしさ」を形成する特徴を把握する能力にすぐれた分析家なのです。

音色の恒常性とは,音色の「らしさ」

「らしさ」を形成する特徴は，楽器にとっても重要な要素です。楽器の「らしさ」を出すためには，スペクトル構造をまねただけでは十分ではありません。かつて，電子オルガンでそのような試みがなされましたが，元の楽器とは似てもにつかない音となってしまいました。楽器音の立ち上がり，過渡特性，ゆらぎ，ノイズ成分といった偶発的な要素が楽

器の「らしさ」に大きな貢献をしているのです。そういった細かな要素の中に楽器の「らしさ」があるのです。それを再現しないと，合成音で本物らしい楽器音を再現できません。

　一方で，「らしさ」さえ備えていれば，相当劣化した音でも楽器を聞き分けることができます。サクソフォンの音は，コンサートホールで聞いても，貧弱なスピーカしかついていない小型のラジオで聞いても，大きさ，高さにかかわらず，サクソフォンの音に聞こえます。このような音色の識別的側面の特徴は，音色の恒常性（あるいは不変性）と呼ばれています。音色の恒常性は，音色の「らしさ」に他なりません。ものまね芸人は，分析を意識した総合を実践して，「らしさ」の本質に迫っているのです。

さまざまな音の記憶

　音の識別を行うために，我々はさまざまな音を記憶しています。さまざまな音を識別するためには，相当数の音響的手がかりを必要とします。音色は，対応する物理量が豊富で複雑なため，多種多様な識別カテゴリに対応できる性質なのです。

2.16 音色とスペクトルの対応関係

音色には影響を与える物理量は多数存在し，また音色と物理量の関係も単純ではありません。音色に影響を与える物理量の中でも，スペクトルは主要な要素です。

実際に存在する音のスペクトル・パターンはさまざま

スペクトルでは，音の特徴を音のパワーと周波数の2つの変量で構成される平面上に投影します。そのため，周波数ごとのパワーの多様なパターンがスペクトルの情報になります。実際に存在する音のスペクトル・パターンもさまざまです。多彩なスペクトル・パターンの中でも，音色に顕著な影響を与える特徴もあります。

ただし，ここで述べているスペクトルは，各周波数成分のパワーのみを扱ったものなので，正確に言うと「パワー・スペクトル（あるいは振幅スペクトル）」と呼ばれているものです。各周波数成分は，パワー以外に位相の情報も有してします。各周波数成分の位相情報を表示したものを，位相スペクトルと言います。なお，本書では位相スペクトルについて述べることはごくわずかなので（2.20節参照），誤解が生じない場合はパワー・スペクトル（振幅スペクトル）のことを単にスペクトルと記述します。

2.17 パワー・スペクトルの重心が音の鋭さ（明るさ，固さ）に影響する

　音のパワー・スペクトル構造が音色に影響を及ぼす特徴は多様ですが，明確な影響を及ぼす特徴もあります。その一つが，スペクトルのどの周波数帯域にパワーが集中しているかです。スペクトルのどの周波数帯域にパワーが集中しているのかを示す一つの尺度がスペクトルの重心 $\dfrac{\sum_{k=1}^{n} f_k \cdot A_k}{\sum_{k=1}^{n} A_k}$ です。ここで，k は成分の番号（$k = 1 \sim n$），f_k は k 番目の成分の周波数，A_k はその成分のパワーで，n 個の成分があるものとします。スペクトルの重心が高い音ほど，より鋭い，より明るい，より固い音になります。

　また，臨界帯域の概念を適用して，より聴覚の処理過程に即してスペクトルの重心を示した尺度が，シャープネス（sharpness：鋭さ）と呼ばれている尺度です。シャープネスを音の周波数スペクトルから定量的に見積るモデルとして，$0.11 \dfrac{\displaystyle\int_0^{24} N'(z) g(z) z \, dz}{\displaystyle\int_0^{24} N'(z) \, dz}$ が提案されています。こ

こで，$N'(z)$ は臨界帯域毎のラウドネス，$g(z)$ は各帯域に対するシャープネスの重み関数です。z は臨界帯域の境界の番号を表します（0〜24：単位は Bark）。シャープネスの単位は acum です。 図2-10 に $g(z)$ の値を示しますが，$z = 16$ Bark（3,150 Hz）までは 1 なので特に重みを付加していませんが，それ以上に高い周波数帯には周波数が増加するほど大きな重みを付加しています。シャープネスは，「鋭い−鈍い」といった尺度と関わりが強く，金属性因子と同じ性質をもちます。より鋭い印象の音ほどシャープネスの値は高くなります。

図2-11 に，同じ成分を含むが，スペクトル形状が右下がりになる複合音，スペクトル形状が平坦である複合音，スペクトル形状が右上がりになる複合音を示します。右上がりのスペクトル形状の音は高い周波数成分のパワーが優勢で，スペクトルの重心およびシャープネスの値は高くなり，鋭い印象を生じさせます。同じ周波数の成分を有する複合音であれば，スペクトルの形状が高域に優勢なものほどより鋭い音になります。右下がりのスペクトル形状の音は，低い周波数成分のパワーが優勢で，スペクトルの重心およびシャープネスの値は低くなり，鈍い印象を生じさせます。平坦な形状のスペクトルでは，音の鋭さはこれら 図2-11 に示す左右のスペクトルの中間程度となり，スペクトルの重心およびシャープネスの値も中間程度になります。

　また，図2-12 に，基本周波数は等しく各倍音のパワーは等しい場合の，成分数の少ない場合と多い場合の周期的複合音のスペクトルを示します。こういった複合音の場合，高い成分音まで含む音ほど，スペクトルの重心およびシャープネスの値は高くなり，より鋭い音になります。逆に，最高周波数の成分が固定された場合，最低周波数成分が高い周波数であるほど，スペクトルの重心およびシャープネスの値は高くなり，鋭い音色になります。

　音の鋭さは，連続スペクトル（ノイズ）であっても，離散スペクトル（周期的複合音）であっても，スペクトルの大ざっぱな形状が同じであればあまり変わりません。音の鋭さを見積もるシャープネスの値も変わりません。

　音圧レベルの影響も小さく，音の鋭さは音の大きさとは独立した性質と考えられます。ただし，音圧レベルが高くなれば，ほんのわずかに音の鋭さは上昇します。

シャープネスはピッチに影響しない

　シャープネスの用語は音楽用語のシャープ（♯：半音上げる）への連想でピッチが高くなることをイメージさせるかもしれませんが，シャープネスの違いはピッチに影響を与えるものではありません。高い周波数

の成分のパワーが優勢になることで，鋭い印象とともに「かん高さ」が
感じられることはありますが，ピッチが上昇するわけではありません。
ピッチは，シャープネスが高かろうと低かろうと基本周波数によって決
まるのです。そのため，イコライザなどを使って音楽演奏音のスペクト
ルを変化させても，ピッチは変化しないのです。

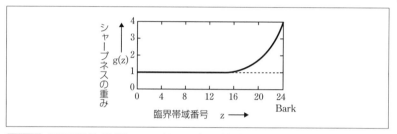

図2-10 各臨界帯域に対するシャープネスの重み関数 $g(z)$

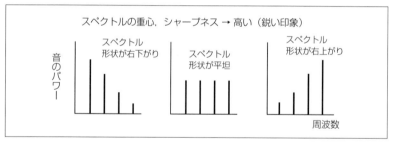

図2-11 同じ成分を含むが，スペクトル形状が右下がりになる複合音，平坦な複合音と右上
がりになる複合音のスペクトル

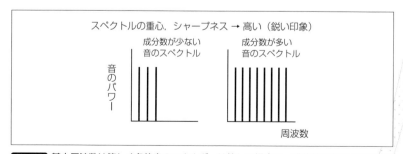

図2-12 基本周波数は等しく各倍音のエネルギーは等しい場合の，成分数の少ない周期的複
合音と多い周期的複合音のスペクトル

2.18 ホルマントが母音の識別の手がかりになる

人間の特徴の一つとして，言葉を利用してコミュニケーションすることがあげられます。言葉を他人に伝えるためには，文字を用いて伝える場合と，声（音声）で伝える場合があります。音声によるコミュニケーションでは，人間は声を使って多種多様な音響表現を行い，それを聴覚系がほぼ間違いなく受け取っています。

音声の源は声帯の振動

人間が音声を発するメカニズムについて元をたどると，音声の源となる信号は声帯と呼ばれる器官の振動です。 図2-13 に示すように，声帯は喉の奥にあり，気管の出口となっています。声帯は，1 cm ほどの筋肉と粘膜でできた，左右一対の帯状の器官です。声帯の隙間を声門といい，普通の呼吸をしているときには声門は開いています。声を出すときには，筋肉が縮んで声門が閉じます。そこへ肺からの空気が流れ込んでくると，空気の断続的な動きが生じて，声門が振動します。声帯の振動数は 100 から 300 Hz で，これが声の基本周波数となります。

パワーの集中する場所、ホルマント

声門が振動して発生する音はブザーのような音です。これを利用してちゃんとした人間の音声にするためには， 図2-13 に示す声帯から口へと続く声道の共鳴が重要な働きをします。日本語の母音の「あ」「い」「う」「え」「お」は，声道の形状を変化させて異なる共鳴特性を持たせることによって生成されます。それぞれの母音のスペクトル上で，声道の共鳴によって，パワーの集中する場所のことをホルマントといいます。

図2-14 に，母音のスペクトルとホルマントの様子を示します。ホルマントはスペクトル包絡（スペクトルの概形）のピークです。ホルマントは，低い方から，第1ホルマント，第2ホルマント，第3ホルマント···と呼ばれています。

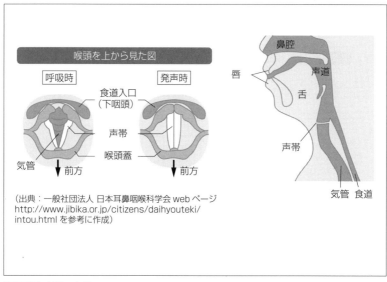

<figure>

喉頭を上から見た図

呼吸時　　　　発声時

食道入口（下咽頭）
声帯
喉頭蓋
気管　　前方　　　　前方

鼻腔
唇　　声道
舌
声帯
気管　食道

（出典：一般社団法人 日本耳鼻咽喉科学会 web ページ
http://www.jibika.or.jp/citizens/daihyouteki/
intou.html を参考に作成）

</figure>

図2-13 声帯と声道

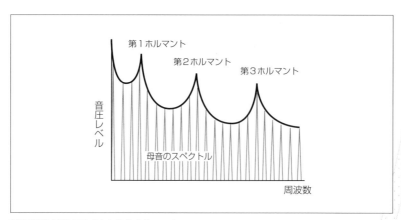

<figure>

第1ホルマント
第2ホルマント
第3ホルマント

音圧レベル

母音のスペクトル

周波数

</figure>

図2-14 母音のスペクトルとホルマント

　「あ・い・う・え・お」の母音の識別は，ホルマント構造の違いに基づいてなされています。ホルマントの周波数が，母音を特徴づけているのです。ホルマントは，各母音ともいくつか存在しますが，とりわけ第1，第2ホルマントが重要であると言われています。図2-15に，スペクトル包絡の形で，日本語の5母音（あ・い・う・え・お）のホルマントの様子を示します。

　楽器の中にも，オーボエのようにホルマントの性質を持つものもあります。図2-16にオーボエ演奏音のスペクトルを示しますが，スペクトル包絡に複数のピークがみられます。

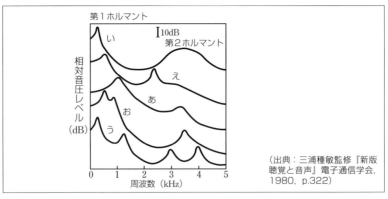

（出典：三浦種敏監修『新版聴覚と音声』電子通信学会，1980，p.322）

図2-15 日本語5母音のスペクトル包絡とホルマント

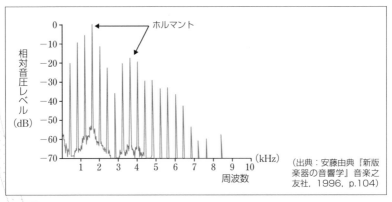

（出典：安藤由典『新版楽器の音響学』音楽之友社，1996，p.104）

図2-16 オーボエのホルマント構造がみられるスペクトル

2.19 音の立ち上がり, 減衰部が音色の違いに及ぼす影響

　私たちが日常接する音は, あたりまえですが, ある時間に始まり, ある時間に終わります。音が始まる部分のことを立ち上がり, 終わる部分を減衰部と呼びます。このような音の立ち上がり, 減衰部が, 楽器音の識別などに大きな役割を果たすことはよく知られています。

立ち上がりをカットすると楽器の識別が難しい

　特に, ピアノのように急激に音が立ち上がる音の場合, 立ち上がり部分はピアノらしさに大きな影響を及ぼします。ピアノ音を録音して, その音を逆方向に再生すると, 似ても似つかない音になってしまい, とてもピアノの音とは思えません。逆に再生してもスペクトル構造は変化しませんから, このような現象は音の立ち上がり, 減衰という音の時間的な特性によるものと考えられます。

　ピアノ以外でも, さまざまな楽器の音の立ち上がり, 減衰部をカットしたり, 逆再生したりすると, 楽器の識別が難しくなります。特に, 楽器の識別には, 立ち上がり部分が重要な情報に担っています。

2.20 位相スペクトル（倍音間の位相差）が音色に及ぼす影響

下記の2つの式で表現できる音は，いずれも基本周波数 f Hz で2つの倍音から構成される音で，2つの成分の振幅はいずれも A と B です。ただし，第2倍音の位相は θ 異なります。

X音：$A\sin(2\pi ft)+B\sin(2\pi 2ft)$　　Y音：$A\sin(2\pi ft)+B\sin(2\pi 2ft+\theta)$

X音とY音の振幅あるいはパワー・スペクトルはまったく同じですが，波形は異なります。図2-17 に，このような2つの音の振幅スペクトル，波形を示します。波形は A と B の比や θ の値によっても異なるのですが，図2-17 は $A:B=10:9$，$\theta=\pi$ としたときのものです。

このような2音の状態を，「パワー・スペクトルは同一で，位相スペクトルが異なる」と言います。純粋に位相スペクトルの違いを聞き分けることは困難ではありますが，不可能ではありません。特に，倍音間の位相差が大きく（最大 π として），倍音の周波数が低い場合には，違いを聞き分けることはできます。ただし，倍音の周波数が高くなると，位相差（θ）が大きくなっても音色の違いはなくなります。高い周波数領域では，神経インパルスの位相固定ができなくなり，時間情報が失われるからです。

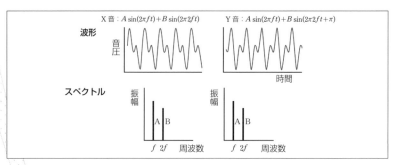

図2-17 第2倍音の位相が π ずれた2つの音のスペクトルと波形

2.21 ビブラートは音色を豊かにする

ビブラートは，各種の楽器や歌声などで多用される演奏技法で，演奏音の音色を豊かにするのに効果的です。ビブラートは1秒間に6〜7回程度，周波数や振幅を周期的に変化させる手法です。毎秒7回程度の周期的変化が，最も快く感じられるビブラートです。周波数を変化させるビブラートがより一般的で，バイオリンなどの弦楽器では1/2半音，声楽では半音程度の範囲の周波数幅を変化させています。

バイオリンらしいビブラートの正体

バイオリン等の擦弦楽器にビブラートをかけた音は，共鳴器の鋭い周波数・振幅特性に従って，周波数変動に振幅変動を伴います。そして，図2-18 に模式的に示すように，共鳴特性の正の傾きを持つ部分と負の傾きを持つ部分では，振幅変調の位相が逆になります。共鳴特性の正の傾きの部分の成分では，周波数が上昇すると振幅は大きくなり，周波数が下降すると振幅は小さくなります。対称的に，共鳴特性の負の傾きの部分の成分においては，周波数が上昇すると振幅は小さくなり，周波数が下降すると振幅は大きくなります。このような成分毎に位相の異なる振幅変調が，バイオリンらしさに大きく貢献します。胴体を取り除いて共鳴器を取り除いたバイオリンでは，このような現象が生じないため，バイオリンらしい音色を出すことができません。

また，電子楽器や種々のエフェクタ（フランジャー，フェイズ・シフター等）においても，スペクトル構造を時々刻々変化させて，ビブラートと同じ様な効果を演出しています。

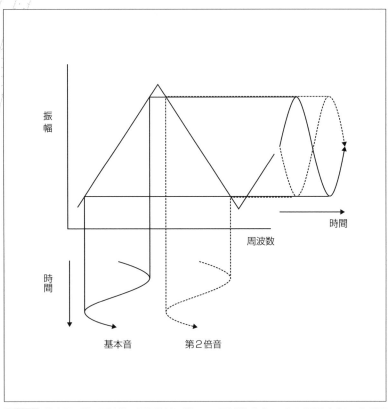

図2-18 共鳴器の鋭い周波数・振幅特性に従って，周波数ビブラートに振幅ビブラートが伴う様子：2つの成分の振幅変調が逆位相になる場合

音と聴覚のしくみ

1

音の物理と心理

2

音楽のしくみ

3

音の空間性

4

オーディオ機器の
歴史と原理

5

2.22　楽器音の偶発的なノイズや 変動が楽器音の「らしさ」を作る

　バイオリン，フルート，尺八などでは，倍音の振幅，周波数が不規則に変動しています。このことが楽器音の特徴に影響を与えています。撥弦・擦弦ノイズ，フルートなどでの息づかいなど，雑音成分の混在が楽器に特有の特徴的を与えることもあります。倍音の周波数のずれは，ピアノなどで観測されます。この性質は弦の太さに基づくものですが，倍音のずれがピアノらしさの一要因にもなっているのです。

電子的に倍音構造をまねただけでは「らしく」ない

　楽器は，メロディやハーモニーを正確に作り出すために，安定したピッチが演奏できるようにデザインされた道具です。ただし，音を出すための叩く，吹く，擦るといった動作がノイズや変動を伴うことがあります。楽器演奏に付随して発生するこれらの偶発的な要素が，楽器の「～らしさ」に貢献し，楽器音の特性を複雑にしているのです。電子的に倍音構造をまねただけの音からは，生の楽器のような音は出せないのです。

2.23 擬音語は音の感性を 伝える言葉

　日常生活で耳にした音について述べるとき，「風がヒューヒュー吹いている」「鐘を撞くとゴーンと鳴る」「犬がワンワンと鳴く」といった表現をします。これらの表現で用いられる「ヒューヒュー」「ゴーン」「ワンワン」のように，鳴っている音を言葉で表現したものを擬音語といいます。実際に鳴っている音は擬音語表現とは異なる音なのですが，擬音語で表現されるとリアリティをもった音感覚が得られます。

　日本語には擬音語が豊富に存在するといわれ，日常生活においても多用されています。擬音語は，文芸作品などでも頻繁に利用され，重要な表現手段の１つとなっています。特に，音のないマンガの世界においては，映画並みのリアリティを表現する手法として，擬音語はなくてはならない存在です。

　機械から変な音が聞こえてきたとき，よく擬音語で表現しますが，擬音語からその原因もある程度分かります。急激に減衰する音には「コチ」「カチ」などの表現が用いられ，残響を持つ音には「コン」「キン」など「ン」を含む表現が用いられます。また，うなり音の振幅変動を表現するためには，「コロコロ」「ゴロゴロ」などの繰り返しの表現が利用されます。

　家電製品などから発せられるサイン音に，擬音語を利用することも有効です。家電製品のマニュアルに「１キロヘルツの純音が鳴ったら…」と書いても，誰も理解できません。「ピーと鳴ったら終了です」とか，「ブーと鳴ったら消してください」と，擬音語を使って説明する方が分かりやすく一般的です。

擬音語表現が伝えるスペクトル重心

　擬音語表現は，音色の印象的側面と対応づけることもできます。母音「i」が用いられている「キー」などの擬音語表現で表される音は，一般に「明るい」「鋭い」といった印象が持たれます。「i」の音は，日本語の5母音の中でスペクトルの重心（あるいはシャープネス）が最も高い音で，高い周波数帯域に主要なエネルギーを有する音の特徴である「明るい」「鋭い」といった音の感性的側面を表現するのにふさわしい音です。逆に，「鈍い」「暗い」といった印象を喚起し，低い周波数帯域に主要なエネルギーを有する音には，日本語の五母音の中でスペクトル重心が最も低い母音「o」が擬音語に用いられます。「ゴー」や「ボー」とかいう表現を聞くと，「鈍い」「暗い」印象が感じられます。

濁点の効果

　「濁った」「力強い」といった印象を喚起する音には，「ガ」や「ザ」など濁点（゛）を含む有声子音を使った擬音語表現が用いられます。そのためでしょうが，洪水などの災害時のインタビューで「ゴーという音がして…」などと，その洪水のすごさが語られます。また，擬音語ではないですが，怪獣の名前には「ゴジラ」「ガメラ」「キングギドラ」など濁音が用いられ，名前からも力強さを感じさせています。濁音のない「コシラ」では，なんだか弱々しくて，すぐやられてしまいそうですね。

第 3 章

音楽のしくみ

　一般に，メロディ，ハーモニー，リズムは，音楽の3要素と言われ，音楽を構成する土台となるものとされています。

　メロディは，ピッチの上下によって構成されます。ハーモニーは，ある音に別のピッチの音を同時に重ねることによって作られ，メロディに膨らみをあたえます。リズムは，音符と休符，音符の長さの違い，各音の高低・強弱・長短など，音の時間パターンの繰り返しによって生まれます。メロディを横糸に，ハーモニーを縦糸に，リズムでアクセントをつけて，音楽はできあがっているのです。

　本章では，音楽の3要素と呼ばれるメロディ，リズム，ハーモニーについての話題を中心に解説し，物理現象としての音が心の中で音楽になる過程について考察します。

3.1 メロディはピッチの変化の 理解に基づく

　私たちは，音楽を聴いて，躍動感のあるメロディだとか，ゆったりとしたメロディだとか，さまざまな印象や情感を受け取ります。メロディから生ずる印象や情感は，ピッチを感じることに基づきますが（2章参照），単なるピッチの変化からは生まれません。ピッチの変化をメロディとして理解するためには，調性やリズムの枠組みを必要とします。

調性感やリズム構造の無意識的な知識が必要

　ピッチの変化をメロディとして理解するためには，長調，短調といった調性感が必要です。私たちは，ピッチの連なりから，調性を読み取ります。そして，調性の枠組みができあがると，各音が調性の中でどのような役割をしているのかの解釈を行うのです。

　音の連なりをメロディとして理解するためには，さらにリズム構造の枠組みも必要とされます。リズム構造の枠組みが形成されると，3拍子とか4拍子とかの拍子が知覚され，音の連なりを拍子という枠組の中でメロディとして理解できるのです。

　このような処理が適切に行われるのは，音楽を処理するための枠組みとしてのスキーマ（無意識的知識）があるからです。西洋音楽の文化で育った人間は，西洋音楽の調性構造，リズム構造に関するスキーマを持っています。そのスキーマに従ってピッチの変化パターンを解釈して，メロディを認知しているのです。

3.2 音階のしくみ：音の連なりが調性感をつくる

　メロディはピッチの変化に基づきますが，多くの音楽では，メロディに使えるピッチは有限です。音階とは，音楽に使うことができるピッチの系列をさします。私たちが日常聴いている音楽のメロディの多くは，西洋音楽の「ド，レ，ミ，ファ，ソ，ラ，シ」のピッチで構成されています。音階とは，このようにメロディに使うことができるピッチのセットのことです。音階を構成する「ド，レ，ミ，ファ，ソ，ラ，シ」は，それぞれの音階での相対的なピッチの違いを表し，階名と呼ばれています。

7音から構成される全音階

　西洋音楽において，普通に用いられる音階は長調と短調ですが，オクターブ内の 12 音のどのピッチから開始するかによって区別されます。長音階，短音階とも 7 つの音で構成されています。このような 7 音から構成される音階を，全音階（ダイアトニック・スケール）と呼んでいます。一般に，「明るく」「楽しい」雰囲気の楽曲は長音階，逆に「暗く」「悲しい」雰囲気の楽曲は短音階で作られています。

　図3-1 に示すように，長音階は「ドレミファソラシ」，自然短音階は「ラシドレミファソ」の音列で構成されています。音階の始まりの音を主音と言います。長音階はド，短音階はラが主音になります。短音階には，導音（主音の前にあって主音に導く音）の効果を出すためにソを半音上げた和声的短音階，和声的短音階でファとソの音程が広がりすぎるのを補正するために上行するときにファも半音上げた旋律的短音階があります。長音階では，元々導音（シ）は主音（ド）の半音下ですから，

そのままで十分に導音の役割を果たします。長音階で作られた曲の調性は長調，短音階で作られた曲は短調といいます。

　中世の教会音楽においては，長音階，短音階だけではなく，全音階「ド，レ，ミ，ファ，ソ，ラ，シ」のそれぞれの音を主音とした，教会旋法（チャーチ・モード）という音階がありました。その頃歌われていたグレゴリア聖歌は，教会旋法で作られています。教会旋法には，ドから始まるイオニアン，レから始まるドリアン，ミから始まるフリジアン，ファから始まるリディアン，ソから始まるミクソリディアン，ラから始まるエオリアン，シから始まるロクリアンの7つの音階があります。イオニアンは長音階，エオリアンは自然短音階に相当します。

　長音階，短音階以外の教会旋法の音階は，あまり使われなくなっていました。しかし，1958年にマイルス・デイビスが発表した『マイルストーンズ』で，教会旋法が復活しました。マイルス・デイビスは，教会旋法を用いて，ジャズに革新をもたらしたのです。

　メロディにエキゾチックな雰囲気を出すために教会旋法を用いたポピュラー音楽もいくつかあります。短調に似た雰囲気を持つドリアンは，サイモンとガーファンクルの『スカボロー・フェア』や，ビートルズの『エリナー・リグビー』などでも用いられています。

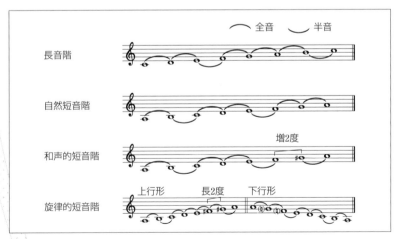

図3-1 長音階と3種の短音階

3.3　音名は階名の周波数を決める

　階名はピッチの相対関係を表しますが，音階は「ドの音が○○ Hz に相当する」のようにピッチの絶対的な位置づけは定めていません。音名というのは，楽譜の上でのピッチの絶対的な位置を表す「ハ，ニ，ホ，ヘ，ト，イ，ロ」（日本語では）という名称です。英語では「C, D, E, F, G, A, B」で音名を表現します。音名は，ピッチの絶対的な位置を定めるので，周波数と対応します。一般的には，中央の A（A4 音）の周波数を 440 Hz に定め，これを基準として各音の周波数が決まります。なお，A4 音とオクターブ関係にある音は，440 Hz の $\frac{1}{8}$（A1），$\frac{1}{4}$（A2），$\frac{1}{2}$（A3），2 倍（A5），4 倍（A6），8 倍（A7）の周波数の音になりますが，A（イ）以外の音の周波数は音律によって若干異なることになります。

音名と音階の情報からなる調名

　音階（3.2 節参照）には，ハから始まる音階もあれば，トから始まる音階もあります。そして，どの音名の音を主音として，長調（長音階）なのか短調（短音階）なのかを区別して音階の情報を定めた呼び名が調名です。調名は，主音の音名を最初に示し，長調か短調かの区別をして，○長調，○短調という呼び名になります。例えば，ハ長調はハの音を主音（ド）とした長音階，ニ短調はニの音を主音（ラ）とした短音階のことを意味します。

3.4 ペンタトニック・スケール：世界に広がる５音音階

　ダイアトニック・スケール以外にも，世界にはさまざまな音階があります。民族音楽といわれるものの多くが，１オクターブ内に５つの音を持つ，５音音階（ペンタトニック・スケール）です。日本音楽で用いられる民謡音階，都節音階，律音階，琉球民謡で用いられる琉球音階，中国で用いられてきた五声など，いずれも５音音階です。

人の心にしみついた5音音階

　 図3-2 に示しますが，長音階のファとシの音を省いてできる「ドレミソラ」の５音音階を，四七（ヨナ）抜き長音階と呼びます。短音階の場合には，「ラドレミソ」の二六（ニロ）抜き短音階となります。四七抜きあるいは二六抜き音階は日本人が好む音階で，童謡，歌謡曲，J-POP，アニソンなどにも多く用いられています。この５音音階は，スコットランド民謡『ほたるの光』，賛美歌『アメイジング・グレイス』や，ドボルザークの交響曲第９番『新世界より』第２楽章をもとにした『家路』，日本の曲では坂本九の『上を向いて歩こう』などの他，きゃりーぱみゅぱみゅの『にんじゃりばんばん』などのいくつかのヒット曲でも使われています。斬新なサウンドを使った最新のヒット曲の中にも，四七抜き・二六抜き音階は，しぶとく生き延びているのです。それだけ，人の心にしみついた音階なのでしょう。

 図3-2 　四七抜き長音階：
　　　５音音階（ペンタトニック・スケール）のひとつ

3.5 12音技法：調性感を否定した音階

　長音階，短音階のような音階に基づく楽曲の場合，主音（ドあるいはラ）を中心に楽曲が展開されます。しかし，音楽の構造が複雑になると，曲の途中で調が変化することも多くなり，どの音が主音なのか分かりにくくなります。20世紀に入ると，このような調性感の希薄な音楽が多く作られるようになってきました。長らく音楽のよりどころとなってきた調性の概念が崩壊し，無調音楽も出現しました。

　その行き着く先が，アルノルト・シェーンベルクという現代音楽の作曲家が提唱した12音技法でした。この技法では，オクターブの12音を等しい確率で登場させる原理に従って，楽曲を作成します。

　12音技法では，**図3-3** に示すように，12音を1回ずつ登場させた音列を一つ作り（原型），音程変化の方向を反転した反転型，音列を逆に並べた逆行型，反転型の逆行型の音列を使って，調性とは別の形での秩序を保っています。ただし，一般の聴衆にとって，聴いただけでこの秩序を理解するのは困難です。

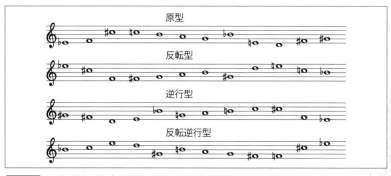

図3-3 12音技法に基づく音列：原型，反転型，逆行型，反転逆行型

3.6 音律は，音階の構成音の 周波数を定める

音階の構成音に対して，どのような周波数を当てはめるのかの規則を定めたものが音律です。西洋音楽はハーモニーを重視して発展してきました。そのため，ハーモニーの基礎となる和音を美しく響かせるために，体系的な音律が必要とされたのです。時代とともに用いられる和音が多様になり，その状況に応じて音律の原理も変化してきました。

和音の基礎,音程

和音の基礎となるのは，2音間のピッチの間隔で，音程といいます。**図3-4** に示しますが，音程は，同じ音なら1度，半音の違いは短2度，全音の違いは長2度と数えます。そして，半音3つで短3度，半音4つで長3度，半音5つで完全4度，半音7つで完全5度，半音9つで長6度と続きます。オクターブは半音12個分の音程で，完全8度になります。オクターブの音程は，2倍（半分）になる周波数で定まります。音程は2音間の周波数比で定まりますが，オクターブ以外の音程は音律が異なると周波数比が違ってきます。

1度　　短2度　　長2度　　短3度　　長3度

完全4度　　完全5度　　長6度　　完全8度（オクターブ）

図3-4 各種の音程

3.7 完全5度の美しい響きを基本にしたピタゴラス音律

音律をはじめて体系的に定めたのは，「万物の根源は数である」と考えていた，ギリシャのピタゴラスです（紀元前550年ごろ）。ピタゴラスは，オクターブに次いで協和する音程は完全5度（ドとソなどの音程）であると考え，この音程に周波数比 $\frac{3}{2}$ の関係を割り当てました。協和音程であるオクターブの周波数比が $\frac{2}{1}$ ですから，$\frac{2}{1}$ の次に単純な比 $\frac{3}{2}$ の完全5度も，オクターブに次ぐ協和音程になると考えたのです。中国の孔子も，ほぼ同じ時期に，ピタゴラスと同一の音律を考えていました。

ピタゴラス音律の構成のしかた

ピタゴラス音律で音階を構成するためには，まず音名のCの完全5度上のGに対して，Cの $\frac{3}{2}$ 倍の周波数を割り当てます。次に，Gの完全5度上のDにGの $\frac{3}{2}$ 倍の周波数を割り当てますが，最初のCからオクターブを越えるので，1オクターブ下げます（周波数を半分にします）。その結果，CとDの周波数比は，$\frac{3}{2} \times \frac{3}{2} \times \frac{1}{2} = \frac{9}{8}$ となります。ピタゴラスの音律では，このようにして，完全5度ずつ上昇させて，オクターブを越えると1オクターブ下げて，次々と各音の周波数を決めます。

図3-5 に，このような手続きで得られたピタゴラス音律における，ハ調長音階の主音と各構成音の周波数比および隣接する2音間の周波数比を示します。図3-5 に示されるように，ピタゴラス音律においては，CとDの音程のような全音の周波数比は $\frac{9}{8}$ となります。EとFの音程のような半音の周波数比は $\frac{256}{243}$ となります。CとFの完全4度の周波数比は $\frac{4}{3}$ となります。この音律では，完全5度や完全4度の音程は単純な周波数比になるので，快く響きます。一方で，ピタゴラス音律では，

長3度の音程は $\frac{81}{64}$ と複雑な周波数比になるため，快い響きが得られません。ただし，モノフォニー（単音）の音楽が中心であった時代には，この欠点は特に問題にはなりませんでした。

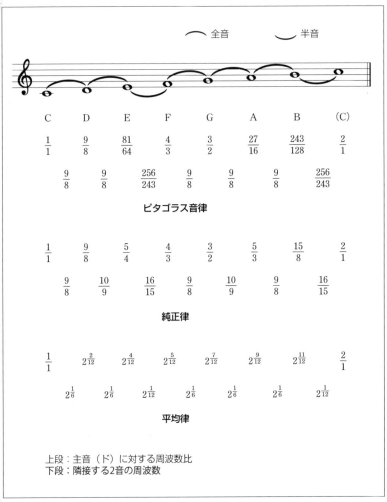

上段：主音（ド）に対する周波数比
下段：隣接する2音の周波数

図3-5 ピタゴラス音律，純正律，平均律における，ハ調長音階の主音に対する構成音の周波数比と隣接する2音の周波数比

3.8 単純な整数比にこだわり，3度の音程も美しく響かせるようにした純正律

　純正律は，「2音を重ねたとき，その2音の周波数比が単純なほど響きがよい」という考えを基礎にした音程です。複数の旋律が同時に演奏されるポリフォニー（多声）の音楽が一般的になると，3度の音程も多用されるようになってきました。純正律では，3度の音程を美しく響かせるために，単純な周波数比になるようにしたのです。

純正律の構成のしかた

　純正律のハ調長音階では，完全5度，完全4度の2音間の単純な周波数比の条件を満たしているピタゴラス音律のD，F，Gはそのまま用います。そして，純正律では，長3度の音程の周波数比を $\frac{5}{4}$ とします。C，F，Gの $\frac{5}{4}$ 倍の周波数の音（長3度上の音）をE，A，Bと定義して，純正律の「C，D，E，F，G，A，B」が出そろいます。 図3-5 に，このような手続きで得られた純正律における，主音と各構成音の周波数比および隣接する2音の周波数比を示します。短3度の周波数比は $\frac{6}{5}$ となり，比較的単純な比が維持できています。

　純正律においては主要な和音が単純な周波数比となっているので， 図3-6 に示すように，音階の各音が倍音系列と重なります。倍音系列では，基本音，第2倍音，第3倍音，第4倍音…の周波数比は，1：2：3：4：…となります。そのため，基本音と第2倍音の周波数比はオクターブ（完全8度）の音程，第2倍音と第3倍音の周波数比は完全5度の音程，第3倍音と第4倍音の周波数比は完全4度の音程，第4倍音と第5倍音の周波数比は長3度の音程，第5倍音と第6倍音の周波数比は短3度の音程と一致します。その結果，和音の倍音の周波数が重な

101

ることが多くなり，倍音間の干渉（うなり）が最小限に抑えられるため，純正律からは美しい和音の響きを作り出せるのです。

転調がしにくい音律

ただし，全音に大全音 $\frac{9}{8}$ と小全音 $\frac{10}{9}$ の２種類が出来てしまいました。そのために，同じ音程でも周波数比が異なることになってしまいます。例えば，短３度のＡとＣは $\frac{6}{5}$ で単純な比になるのですが，ＤとＦの周波数比は $\frac{32}{27}$ と複雑な比になり，美しい響きは得られません。この響きでは，Ｄが主音になるニ短調に転調したとき，ＤとＦの短３度などの主要な和音が使えなくなります。単純な周波数比にこだわった結果，純正律は，転調がしにくい音律になってしまったのです。

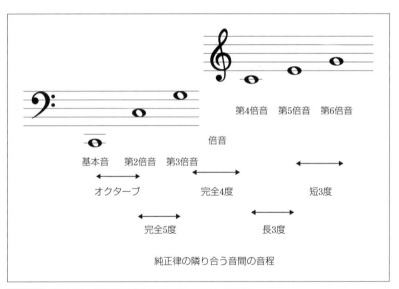

図3-6 倍音系列と純正律の隣り合う音間の音程との関係

3.9 平方根の導入で転調に耐えうるようにしたミーン・トーン，ウェル・テンペラメント

　ピタゴラス音律や純正律は，音律が成立した当時の音楽を美しく響かせるために作り出された音律でした。当時の音楽は，転調を行うことは，あまりありませんでした。しかし，西洋音楽が古典派からロマン派へ展開するころになると，頻繁に転調をするような曲が多く作られるようになってきました。純正律で転調すると，主要な和音の響きが悪くなったり，元の調に戻れなくなったりします。そこで，和音の響きを多少犠牲にしても，多様な転調に耐えうる音律が必要となりました。

ミーン・トーン（中全律）の構成のしかた

　ミーン・トーン（中全律）は，純正律の長3度音程の美しい響きを保ったままある程度の転調を可能にした音律です。ミーン（中間の）・トーンの名前は，全音の周波数比を純正律の大全音と小全音の中間（中全音）に定めたことに由来します。ミーン・トーンおよびウェル・テンペラメントと呼ばれる音律では，全音を長3度の周波数比 $\frac{5}{4}$ の平方根（ $= \frac{\sqrt{5}}{2}$ ）に定めたわけです。この値は，大全音 $\frac{9}{8}$ と小全音 $\frac{10}{9}$ の相乗平均 $\sqrt{\frac{9}{8} \times \frac{10}{9}} = \frac{\sqrt{5}}{2}$ に相当します。これにより，転調の妨げとなっていた，全音に2種類ある状況は改善され，転調のしやすい音律になりました。

3.10 単純な整数比の理想は捨てたが自由な転調を可能にした平均律

　ミーン・トーンやウェル・テンペラメントはかなり自由な転調を可能とした音律でしたが，それでも転調にうまく対応できない調もありました。そこで登場したのが，現在も広く利用されている平均律です。オクターブは 12 の半音に分割できますが，　図 3-5　に示すように，これをすべて均一の周波数比で構成した音律が平均律です。この例もハ調長音階のものです。隣接する 2 つの音（半音）の周波数比は，$\sqrt[12]{2}$（2 の 12乗根＝約 1.0596）となります。

どんな転調にも対応できる音律

　平均律では，協和音程はきわめて単純な整数比に近くなるのですが，オクターブ以外に周波数比がぴったりと単純な整数比になる音程はありません。平均律では，完全 5 度がピタゴラス音律以来の理想であった「単純な整数比」というしばりを捨てて妥協した結果，どんな転調にも対応できる音律ができたのです。

　平均律が確立したのは 17 世紀でしたが，広く普及したのは 19 世紀後半になってからでした。この時期には，ピアノの性能が向上し，すぐれたピアノ曲も多く作曲され，ピアノが大量生産されるようになっていました。ピアノの調律師を大量に養成するのにも，合理的な平均律は都合がよかったのです。

3.11 メロディのゲシュタルト： メロディを感じる枠組み

私たちは，音楽を聴いて，哀愁を感じるメロディだとか，うきうきするメロディだとか，さまざまな印象や情感を受け取ることができます。中には，恐怖をかき立てるようなメロディもあります。聴覚系が単にピッチの違いを認識しただけでは，このような印象や情感は生じません。ピッチの変化をメロディとして認知するためには，メロディを理解するための認知的枠組みを必要とします。

メロディの理解には調性感,リズム感が必要

メロディとして理解するためには，調性感が必要です。ピッチの連なりから，長調や短調といった，調性を読み取ることになります。そして，調性の枠組みができあがると，各音が調性の中でどのような役割をしているのかの解釈を行います。このような処理は調性的体制化といわれるものです。

調性にとって最も重要なのは，主音（音階の最低音）です。長調だと「ド」，短調だと「ラ」の音が主音になります。主音が定まることにより，メロディの理解がスムーズにできます。主音はメロディを理解するための基準点になっています。基準点や枠組みを定めることによって，安定した認識が可能となるのです。

そのため，メロディを聞いたとき，我々は，できるだけ早く主音を決定しようとします。とりあえず，冒頭に聞こえる音を主音だと捉えます。ただし，最初の何音かを聞いているうちに，「おかしいな」と感じると，幾つかの調の候補を想定します。頻繁に出現する音も，主音としての強力な候補になります。その段階では調はあいまいですが，調性が明確な

曲だと，7から8音目あたりにまでには主音が定まり，調がはっきりします。

　このような処理が適切に行われるのは，私たちが心の中に音楽を処理するための枠組みを持っているからです。このような枠組みはスキーマと呼ばれています。スキーマは，意識して働かせている訳ではないので，無意識的知識とも言われています。スキーマは，環境や学習によって形成されます。西洋音楽の文化圏で育つと，西洋音楽の調性に関するスキーマ，リズム・パターンに関するスキーマを持った人間として成長します。そのスキーマに従ってピッチの変化パターンを解釈して，メロディを認知しているのです。

　さらに，メロディの理解には，リズムによる体制化も必要とされます。リズムに関しては，本章のあとの節で詳しく説明しますが，人間には繰り返される音列を3拍とか4拍といったまとまりにグルーピングして知覚する傾向があります。こういったリズム感に基づくグルーピングも，メロディの理解に貢献するのです。

　1章で 図1-1 を使って，演奏音が音として聴覚系に入力してから音楽として解釈する様子を示しましたが，その様子こそがスキーマによってメロディが体制化されるまでの過程なのです。 図1-1 の（A）に示す音の波形からピッチの変化を認識したのが（B）の情報ですが，リズム・パターンのスキーマ，メロディのスキーマの処理によって（C）の情報を経て（D）のように理解できるのです。（C）の段階では，ピッチの情報を階名に，音の長さの情報を音符の情報に解釈しています。その後，拍子や調の判断がなされて（D）の解釈ができるのです。

調性感のないメロディは憶えにくい

　メロディとして認知されたピッチの連なりは，パターン化されて記憶にも残ります。調性的なメロディは容易に記憶できますが，調性感のないメロディはなかなか憶えられません。調性的なメロディからは，まとまり感，自然さ，旋律らしさを感じることができます。調性感のない現代音楽のメロディからは，そういったものを感じることはできません。

3.12 まとまり（ゲシュタルト）を形成するピッチのパターン

　メロディはピッチの変化から感じられるのですが，人間がメロディとして認識するのは，ピッチ（音の高さ）の変化を意味のある情報として解釈することによります。人間は，感覚情報を受け取ったとき，まとまり（ゲシュタルト）のある事象として知覚しようとします。このような，まとまりを形成する情報処理を，群化または体制化といいます。ピッチの連なりを群化（グルーピング），体制化することがメロディの理解につながります。

まとまりを構成する要因

　ゲシュタルトの原理は，もともとは視覚の特性を理解するための原理として提唱されたものです。ゲシュタルトを構成する要因として，図3-7 に示すように，近接の要因（近いものどうし），類同の要因（類似しているものどうし），閉合の要因（たがいに閉じあう関係），よい連続の要因（なめらかな連続性），経験の要因（しばしば経験するもの）などがあります。こういった要因にある要素が，グループを形成しやすいのです。ゲシュタルトの原理は，聴覚にも適用できます。ピッチが近い音どうし，楽器の種類が同じとき，ピッチの変化がなめらかな連なりなどで，ピッチの群化（グルーピング）がなされます。

群化による不思議な現象

　ピッチの群化は，ときに不思議な現象を生み出すこともあります。有名な例は，図3-8 （A）に示すチャイコフスキー『交響曲6番　悲愴』の第4楽章冒頭部のファースト・バイオリンとセカンド・バイオリンの

演奏から知覚されるメロディです。両パートは，ともに広い音域に渡る
フレーズで，低音部と高音部が交互に出現します。この演奏を実際に聞
くと，各パートのフレーズ，パートとは関わりなく 図3-8 （B）のよ
うに低音部のメロディと高音部のメロディに分かれて聞こえるのです。
ともにバイオリンで演奏されることもあり（音色が同じ），音域の近い
音どうしがグループを形成（群化）するのです。

　群化は，両耳に分断された音にも生じます。ヘッドホンなどを使って
図3-9 に示す「ドレラファーラレド」という音列と「ドシミソーミシド」
という音列を左右別々の耳で聞くと，そのようには聞こえず，片方の耳
では「ドシラソーラシド」という高音部の音列，別の耳では「ドレミファー
ミレド」という低音部の音列が聞こえます。ピッチの近い音が同じグルー
プに群化された結果，このような聞こえ方がするのです。

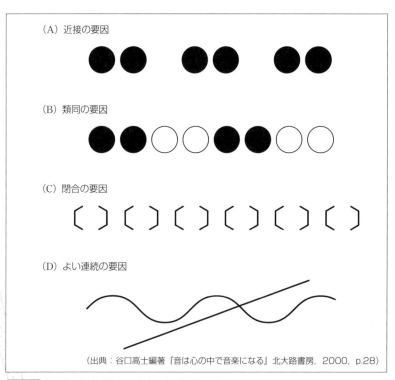

（出典：谷口高士編著『音は心の中で音楽になる』北大路書房，2000，p.28）

図3-7 視覚におけるゲシュタルトを構成する要因

（A）ファースト・バイオリンとセカンド・バイオリンの楽譜

（B）実際に知覚される各パートのピッチ

（出典：谷口高士編著『音は心の中で音楽になる』北大路書房，2000，p.29）

図3-8 チャイコフスキー『交響曲6番悲愴』の第4楽章冒頭部，ファースト・バイオリンとセカンド・バイオリンの楽譜（A）と，実際に知覚される各パートのピッチ（B）

それぞれの耳に提示された音列

それぞれの耳に知覚された音列

（出典：ダイアナ・ドイチュ『音楽の心理学（上）』西村書店，1987，p.123）

図3-9 両耳に与える「ドレラファファラレド」「ドシミソソミシド」という音列の楽譜と，実際に聴こえる2つの音列「ドシラソソラシド」「ドレミファファミレド」の楽譜

3.13 音脈分凝：メロディが 分離して聞こえるしくみ

　ピッチの異なる2つの音を繰り返し聞くと，2音のピッチが近接している場合，「ピポピポピポ」とその変化を感じることができます。ところが，2音のピッチが離れ変化の速度が上昇すると，「ピピピ」という高い音の繰り返しと「ポポポ」という低い音の繰り返しが分離して聞こえてきます。このような現象を音脈分凝（ストリーム・セグリゲーション）といいます。ピッチが同一である音どうしが一つの知覚的なまとまりを形成した結果，このような現象が生ずるのです。

音脈分凝が生ずるのに必要な条件

　音脈分凝が生ずるのも，ゲシュタルトが形成されるからです。近接の原理により，ピッチの近接した音どうしがまとまった流れを形成し，低音部と高音部が別々のメロディのように聞こえるのです。群化により複数の流れが形成され，音脈分凝が生ずるのです。ただし，テンポがゆっくりだと，ピッチの変化についていけるので，音脈分凝は生じません。音脈分凝という現象は，テンポが速くないと生じないのです。

　また，音脈分凝が生ずるためには，ピッチの間隔が十分に離れている必要があります。2つの音のピッチ間隔が2半音以下の場合には，テンポを速くしても音脈分凝は起こらず，1つの流れが知覚されトリルのように聞こえます。2つの音のピッチの連なりが音脈分凝を生ずるためには，2音間の音程が3半音以上隔たっている必要があります。

音脈分凝を利用した疑似ポリフォニー

　音楽作品の中にも，音脈分凝が感じられる作品もあります。図3-10 に示すベートーベン作曲の『パイシェルロの主題による6つの変奏曲』には，速い速度でピッチの高い音と低い音を交互に演奏する部分があります。この曲を聞くと，メロディの高音部と低音部が，あたかも別の演奏者が演奏しているように聞こえるのです。しかし，演奏速度を落とすと，2つのメロディには分離しなくなります。こういった技法は，疑似ポリフォニーまたは複合旋律として，古くから用いられています。

図3-10 ベートーベン作曲の『パイシェルロの主題による6つの変奏曲』で見られる音脈分凝

3.14 存在しない音が聞こえる

図3-11 （A）を見て下さい。なんと書いてあるかを分かる方は，ほとんどいないと思います。（A）の字が読めなかった人でも，（B）の字はたやすく「MELODY」と読めるでしょう。（A）も（B）も，文字として見えている部分はまったく同じです。文字が欠けているだけだと元の文字が何だったのか分からなくても，文字の欠けている部分を円で覆い隠すと，隠された部分を修復する能力が働いて，元の文字がたやすく予測できるのです。

存在しないはずの音が聞こえる音韻修復

人間の聴覚にも，同じような能力があります。音韻修復とか音の補完とか言われる現象です。意味のある文章を読み上げられるとき，その一部を除去してノイズを入れても，もとの文章がそのまま聞こえてくるのです。この現象は，存在しないはずの音が聞こえる現象と言えるでしょう。

音韻修復は，音楽においても起こります。図3-12 に示すように，テンポが速めで，なじみのあるメロディ中の短い音符の音を一つ消し，消した音符の箇所に「ザッ」というノイズ（ピンク・ノイズ）を入れます。図3-12 中，矢印（↓）で示した音がノイズに置き換える音です。そんなメロディを聞かされると，ノイズが邪魔にはなりますが，元のメロディは普通に聞こえます。存在しない音が聞こえてきて，メロディが修復されたかのように感じるのです。このとき，ノイズそのものの存在は分かるのですが，ノイズがどこに入っていたのかは分かりません。

このような現象がおこるのは，メロディの認識にトップダウン的な処

理が関わっているからです。脳は，聞こえてきたピッチの変化パターンを，意味のある情報として解釈します。このとき，この音がないと解釈ができない音を，補完して脳が作り出すのです。音韻修復は，メロディが連続的につながっている箇所では起こりやすいのですが，メロディの転換点では起こりにくくなります。音韻修復は，よい連続の要因でゲシュタルトが形成された場合に生じるのです。

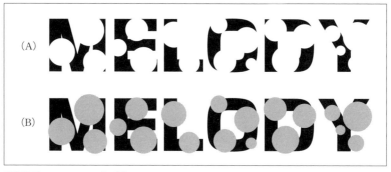

図 3-11 MELODY の字が読めますか？

（出典：Sasaki, T., Sound restoration and temporal localization of noise in speech and music sounds, *Tohoku Psychologica Folia* 39, 1980, p.84）

図 3-12 音韻修復が生ずるメロディ：矢印（↓）で示した音符の音を除きピンク・ノイズに入れ替えても，元のメロディが聞こえる

3.15 ハーモニーの科学：協和を感じるしくみ

メロディは，それだけでも十分に楽しめますが，ハーモニーをつけると，音に厚みが感じられ，音楽の楽しみも倍増します。音楽を作り出す側も，ハーモニーによってより豊かな表現力を利用することができます。

和音には協和音と不協和音がある

ピッチが異なる 2 つ以上の演奏音を組み合わせた音を和音と言います。和音は，協和するものとしないものに分類され，それぞれ協和音，不協和音と言われています。 図3-13 に協和音の例を示します。ハーモニーと和音は同義語として使われることもありますが，ハーモニーは和音の進行までを含みます。

時代とともに協和音の幅は広がった

ヨーロッパにおいて，和音を明確に意識し始めたのは，9 世紀頃と考えられています。グレゴリア聖歌の時代は，ユニゾン（1 度あるいはオクターブ）を基本としていましたが，しだいに完全 5 度，完全 4 度を，協和音として用いるようになってきました。ピタゴラス音律以来，同時に鳴る各音の基本周波数の比が単純であるほど，和音は協和すると信じられてきたためです。

ピタゴラス音律では，同じ音（1 度）だと周波数比は $\frac{1}{1}$，オクターブ（完全 8 度）は $\frac{2}{1}$，完全 5 度は $\frac{3}{2}$，完全 4 度は $\frac{4}{3}$ となり，いずれも単純な比となります。こういった音程の和音は，実際に美しく響いていたので，協和音として利用されました。ただし，ピタゴラス音律では，3 度の音程は単純な周波数比にはならないので，美しく響かず，協和音には入れ

られていませんでした。

3度，6度といった音程は，純正律が広まるとともに，協和音として認められるようになってきました。3度を協和音として使用し始めたのは14世紀頃です。純正律では，長3度の周波数比は $\frac{5}{4}$，短3度の周波数比は $\frac{6}{5}$，長6度の周波数比は $\frac{5}{3}$，短6度の周波数比は $\frac{8}{5}$ と比較的単純な比になります。このため和音は澄んだ響きとなり，協和音として用いられるようになってきたのです。

協和音の幅が広まるにつれ，和音の進行は，ユニゾンや同じ動きの旋律を重ねたものから，より複雑なものへと進化しました。

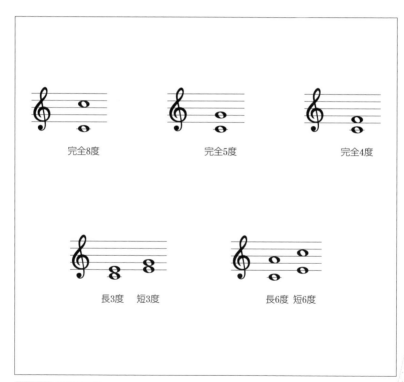

図3-13 協和音の例

　ピタゴラスは「2音を重ねたとき，2音の周波数比が単純なほど響きがよい」という原理のもとに理想の音律を提案しました。この原理は経験的には妥当なものとされてきましたが，実証されたものではありませんでした。

協和感を感じるしくみ

　人間の聴覚は，音が複数聞こえてきたときの協和感を感じるメカニズムを持っているのは確かです。しかし，協和感を感じるしくみが解明されるのは，20世紀後半になってからでした。

　協和，不協和を決めるのは，音と音の干渉の度合いです。周波数の少し異なる2つの純音が同時に提示されると，「ワンワンワン」と音が大きくなったり小さくなったりを繰り返します（1.13節参照）。このような現象を「うなり」といい，うなりは2つの音が干渉することによって生じます。同じ周波数の2つの純音が鳴っても，2つの音は干渉しません。また，周波数が十分に離れていても，2つの音は完全に分離して，干渉はしません。不協和の感覚は，複数の音が干渉するときに生じます。複数の音が干渉しなければ，協和した感覚が得られます。

　人間の聴覚には，フィルタをたくさん並べたような機能があります（1.20節参照）。このフィルタは聴覚フィルタあるいは臨界帯域と呼ばれますが，臨界帯域が，音どうしが干渉するか否かを決めているのです。臨界帯域はある周波数幅（臨界帯域幅）を持ちますが，その周波数幅の中に複数の音があれば干渉し，うなりを生じます。この音どうしの干渉が，不協和を感じさせる要因となります。不協和の感覚の大小は，音ど

うしの周波数間隔によって異なります。

図3-14 は，2つの純音を同時に聴いたときの協和感を，2つの純音の周波数差の関数として表したものです。この図の横軸は，2音の周波数差を臨界帯域の周波数幅との比に変換して表現しています。そうすることで，いろんな周波数の条件でも，同じ傾向が示せるからです。縦軸は協和感を表し，協和感が高いほど大きな（上方向の）値になります。

図3-14 によると，2つの純音の周波数が同じ場合に協和感は最大ですが，差が大きくなるとしだいに協和感が低下します。そして，周波数差が臨界帯域幅の4分の1に一致したとき，最も不協和な感覚になります。さらに周波数差が大きくなると，再び協和感は持ち直し，だんだん上昇します。純音どうしの周波数差が臨界帯域幅を超えると，協和感は周波数差がない場合と同じレベルになります。

この純音どうしの協和感の関係からは，オクターブとか完全5度といった，和声上での協和音はみいだせません。オクターブ，5度とかいった音程が協和音になるのは倍音があるからです。

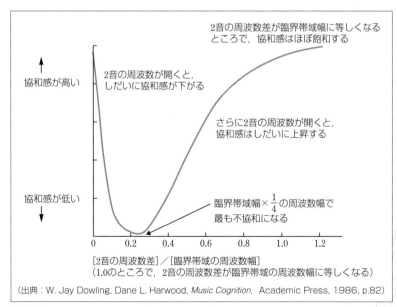

図3-14 2つの純音の周波数差と協和感の関係

3.17 倍音の干渉が協和音と不協和音を決める

　ある基本周波数（f Hz）の周期的な複合音と，基本周波数がその 1.9 倍の複合音が同時に鳴った状況を考えてみましょう。2 つの音の基本音の周波数は，それぞれ f Hz と $1.9f$ Hz です。$f=100$ Hz を少し越えた領域では，この 2 つの基本音の周波数差は，臨界帯域幅を越えています。例えば，$f=200$ Hz だと，$1.9f=380$ Hz で，その差は 180 Hz となり，臨界帯域幅の 100 Hz より大きな周波数差になります。従って，基本音どうしが干渉することはありません。しかし，低い方の音の第 2 倍音（$2f$ Hz）と高い方の音の基本周波数（$1.9f$ Hz）の差は $0.1f$ Hz となります。$f=200$ Hz だとこの周波数差は 20 Hz で，臨界帯域幅の 100 Hz よりも小さくなり，2 つの音は干渉します。さらに，低音の第 4 倍音（$4f$ Hz）と高音の第 2 倍音（$3.8f$ Hz）など，その他の多くの倍音どうしが干渉します。従って，この和音の協和感は，倍音間に干渉がない場合より低くなります。2 つの音の基本音の周波数比によっては，成分間の干渉が大きく，かなり不協和な和音もでてきます。

　一方，2 つの周期的複合音の基本音がオクターブ関係（周波数比が 1 対 2）の 2 音の場合（f Hz と $2f$ Hz の音），高音の成分はすべて低音に含まれる成分と周波数が一致します（低音の成分の周波数：f, $2f$, $3f$, $4f$, $5f$, $6f$… Hz，高音の成分の周波数 $2f$, $4f$, $6f$… Hz）。この場合には，成分間の干渉は起こらないので，同じ音どうしと同程度の協和感が得られます。2 音の基本音の音程が完全 5 度の場合でも，多くの成分が一致します。結果として，2 音の音程がオクターブ，完全 5 度の場合には協和感は高くなりますが，音程がそこからずれると協和感は低下します。倍音の影響までを考慮すると，オクターブ，完全 5 度，完全

4度，長短6度，長短3度など，和声学上の協和音程の協和感が比較的高くなる理由が分かります。

協和音程，不協和音程が生み出されるのは，臨界帯域の機能によるものです。2つの音の基本音の周波数差がその協和感を決めるものですが，倍音の含まれ具合によっても，協和感が異なります。

1つの成分しか含まない純音どうしの場合，**図3-14** で示したように，2音の周波数差で協和感が決まり，ある特定の音程で協和感が上昇するような協和音程は存在しません。**図3-15** に，倍音が存在する場合に，倍音の数と音程と協和感の関係を示します。第2倍音まで含む音どうしになると，オクターブの音程での協和感のピークがみられます。完全5度の音程で協和感のピークがみられるのは3倍音以上が含まれる場合です。完全4度の音程は4倍音以上，長3度や長6度の音程は5倍音以上が含まれる場合に協和感のピークが生じます。このように，一般の楽器のように倍音を多く含む音を組み合わせると，オクターブ，完全5度，完全4度，長短6度，長短3度などの音程が協和音程となるのです。

平均律で考えた場合

ここで示した協和音程は，いずれも純正律で考えた場合での協和音程です。平均律になると協和音程といえども単純な周波数比にはなりません。したがって，純正律での協和音に比べて平均律での協和音の協和感は若干下がることになります。しかし，その低下量はわずかで，実際の演奏には差し支えない程度のレベルなので，平均律は広く利用されています。とは言うものの，このわずかな協和感の差にこだわり，今でも純正律を用いて演奏を試みる音楽家もいます。

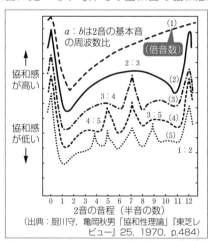

（出典：厨川守，亀岡秋男「協和性理論」『東芝レビュー』25，1970，p.484）

図3-15 倍音の数と音程が2つの音の協和感に及ぼす影響

3.18 低音部では完全5度でも協和しない

　純音の周波数が 500 Hz 以上の領域では，臨界帯域幅は 3 半音程度で，臨界帯域幅が音程で定まります。**図 3-14** に示されているように，2 純音の周波数差が臨界帯域幅の $\frac{1}{4}$ になると最も不協和な感覚になりますが，この最不協和点も音程で定まり $\frac{3}{4}$ 半音程度となります。従って，この周波数範囲では，協和音，不協和音の違いは音程だけで決まり，周波数には依存しません。オクターブ，完全 5 度などの音程は，いずれの周波数帯域でも協和音です。

音程だけで協和音か不協和音かを決められない

　これに対し，500 Hz 以下の領域では，臨界帯域幅は 100 Hz 程度と，周波数差で定まります。最不協和点も周波数差で定まり，25 Hz 程度の周波数差ということになります。最不協和点が周波数差で定まるということは，周波数帯によりその周波数差に対応する音程が異なることになります。そのため，500 Hz 以下の周波数帯では，同じ音程でも周波数帯域によって協和感が異なってきます。こうなってくると，音程だけで協和音か不協和音かを決めることができなくなります。

　実際，最不協和音程は，ピアノの中央の C4（261.64 Hz）では 1.5 半音程度ですが，そのオクターブ下では 3 半音（短 3 度），さらにその 1 オクターブ下では 6 半音（7 半音の完全 5 度にかなり近い音程）になります。したがって，協和音程であるはずの短 3 度とか完全 5 度の音程が，低い音域では不協和音になってしまうのです。ただし，作曲家は音程上で定めた協和音程が必ずしも美しく響かない音域を感覚的には知っていて，低音域では 3 度などの音程の和音はあまり使いません。

3.19 協和と不協和の絶妙なバランスが名曲をつくる

　楽曲を構成するのに，協和音ばかりを使うと確かに心地よい響きは作り出せますが，少し退屈な曲になってしまいます。だからといって不協和音ばかりを使うと，まとまりがなく，不快で耐えきれない曲になってしまいます。協和，不協和のほどよいバランスが，よい作品を生み出すのです。

図で見る協和,不協和のバランス

　演奏音を音響的に分析して，作曲家が協和，不協和のバランスをどのようにとっているのかを検討してみましょう。図3-16 は，ドボルザークの弦楽四重奏 Op.51 変ホ長調を対象にして，各音符の音が 6 倍音で構成されると仮定して，同時に鳴らされた音のすべての成分間の音程の中央値をプロットしたものです。この図から，作曲家がどのように（暗黙のうちに）協和性の科学を体得していたのかが分かります。

作曲家はほどよい協和感を持つように楽曲を構成している

　図3-16 の太い実線が倍音間の音程分布の中央値（すべての音程を順番に並べて，真ん中にくる音程）で，その上下の 2 本の細い点線が音程分布の上側および下側 25 パーセント点を示します。したがって，この2 本の細い線の間に音程分布の 50 ％ が入っているのです。そして，破線が各周波数帯における臨界帯域幅（上側の破線）とその $\frac{1}{4}$ の幅（下側の破線）です。細い 2 本の実線は，いずれも 2 本の破線の内側に位置します。このことは，音程分布の半数以上が，協和感が最高になる臨界帯域幅と最不協和点である臨界帯域幅の $\frac{1}{4}$ 幅の間にあることを意味し

ます。

　作曲家は，周波数帯の特徴も考慮の上，最不協和と最協和の間にバラエティを持たせながら，平均的にはほどよい協和感を持たせるように曲を構成しているのです。

　また，500Hz 以下の音域では，音程分布の中央値がほぼ一定です。作曲家は，低音域では，狭い音程の使用を避けているのです。

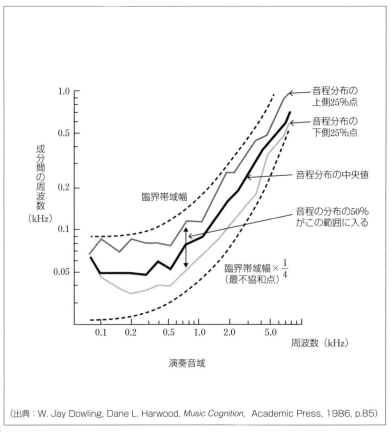

（出典：W. Jay Dowling, Dane L. Harwood, *Music Cognition*, Academic Press, 1986, p.85）

図 3-16 ドボルザークの弦楽四重奏（Op.51 変ホ長調）における，音程分布の中央値（音程のなかでちょうど真ん中），上側および下側 25% 点と，臨界帯域幅およびその 4 分の 1 幅との比較（各音符の演奏音は，6 倍音まで含むものと仮定している）

3.20　リズムは音列のまとまり，テンポは音列の速さ

音楽は，時間軸上に展開される芸術です。その音楽の時間軸上の流れを組織化するのがリズムです。リズムの感覚は人間が本来持っている感覚であり，音楽ではこの感覚にアピールするように音の刻みをつくり出しているのです。

音楽を形づくる秩序の源

音楽においては，リズムとは，音列のまとまり（パターン）を指します。単なる音列からでも，リズムを感じることができますが，長短の繰り返しであったり，強弱の繰り返しであったりすると，音列の体制化，組織化がより自然に行われ，変化パターンに応じたリズムが感じられます。リズムは，音楽を形づくる秩序の源です。

様々な繰り返しパターンに対する共通した感覚

西洋音楽では，2 拍子，3 拍子，4 拍子といった拍子が一般的ですが，5 拍子，7 拍子といった変拍子の曲もあります。さらに，特定のリズム・パターンの分類法として，タンゴ，ルンバ，マズルカといった分類法もあります。こういったリズムの曲では，主として打楽器類がそのリズムを刻んでいます。

日常生活で使われるリズムという言葉は，音楽とは必ずしも結びついていません。ただし，なんらかの繰り返しパターンに関わる事項であるという点では，共通しています。生活のリズムとか歩行のリズムといった言葉もあり，我々は何らかの繰り返しパターンに共通した感覚を持っているようです。リズム感覚は，様々な繰り返しパターンに対する共通

した感覚なのです。

リズムの感覚はテンポの影響を受ける

　一方，テンポという言葉は，音列の速さを指します。演奏のテンポが速いと，はつらつとして，軽々として，明るく，活発な曲調になります。一方，テンポが遅いと，ゆっくりとして，重厚で，暗く，鎮静感がある曲調になります。テンポという言葉も音楽以外にも用いますが，「仕事のテンポを上げる」というように，やはりペースの速さを意味します。

　リズムの感覚も，テンポの影響を受けます。極端にゆっくりしたテンポで演奏すると，音列のまとまりがなくなり，リズムが感じられなくなります。

リズムを感じるのは聴覚だけではない

　リズムという言葉は音楽の用語として用いられていますが，リズムを感じるのは聴覚だけではありません。光の点滅などで視覚からもリズムを感じることができます。ただし，聴覚から感じるリズムの方が，視覚から感じるリズムより正確に再現することができます。聴覚から感じるリズムの方が，うまく体制化して記憶することができるのです。

3.21　リズムとテンポのしくみと表現

音楽は時間の流れの中で展開される芸術ですが，時間の流れのものさしを作るのが拍です。リズムは拍を基準として作り出されます。宴会やコンサートで手拍子を刻むことがよくありますが，この手拍子の一つ一つが拍なのです。

拍子は拍のまとまり

拍子は，そんな拍のまとまりです。2拍からなるまとまりが2拍子，3拍のまとまりが3拍子です。正確には，拍子は，拍子記号によって拍の数と拍を表す音符の単位によって定義されます。楽譜には，小節線という区切りがありますが，小節線は拍子の切れ目を表しています。

拍子記号は，$\frac{3}{4}$ のように分数のような形式で表し，分子が拍の数，分母が拍を表す音符の単位を表します。$\frac{3}{4}$ で表現される4分の3拍子は，四分音符3つで刻まれる拍子です。$\frac{4}{4}$ で表現される4分の4拍子になると，四分音符4つの拍子になります。

強拍（ダウンビート）と弱拍（アップビート）

2拍子，3拍子，4拍子といったリズムの各拍には，強弱があります。強い拍を強拍（ダウンビート），弱い拍を弱拍（アップビート）と呼びます。クラシックなどの西洋音楽の場合，2拍子だと強・弱の繰り返し，3拍子だと強・弱・弱の繰り返しになります。4拍子の場合は，強・弱・中強・弱の繰り返しになります。いずれも，小節の先頭にアクセントがあります。$\frac{4}{4}$ 拍子，$\frac{3}{4}$ 拍子の拍子記号とそれぞれの強拍と弱拍の様子を 図3-17 に示します。

　ジャズやロックなどの場合には，クラシック音楽などとは強弱が入れ替わります。4拍子だと，2拍目，4拍にアクセントがあります。こういったリズムは，オフ・ビートとかアフター・ビートとか言われます。アフター・ビートのリズムが，スイング感，ビート感を生み出すのです。

1分あたりの拍の数でテンポを表現

　テンポは，「速い」「遅い」といった曲の速さを意味しますが，定量的に表現するときには1拍あたりの速度で表現します。一般に使われているメトロノーム記号では，1分あたりの拍の数（BPM：Beats Per Minute）でテンポを表現します。

　また，ラルゴ（ゆるったりと），アダージョ（穏やかに遅く），アンダンテ（ゆっくりと歩くような速さで），アレグロ（適度に快速で），ヴィバーチェ（活発に速く）といったイタリア語の速度標語で，テンポを表記することもあります。速度標語は，ある程度メトロノーム記号に対応しますが，解釈は演奏者に委ねられます。

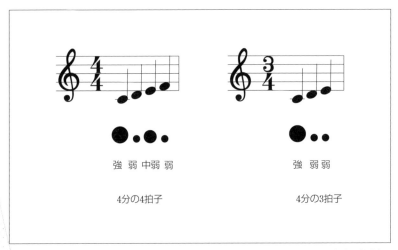

図3-17　4分の4拍子，4分の3拍子と，その強拍と弱拍（西洋のクラシック音楽の場合）

3.22 リズムの心理学：時間間隔がリズムになる

　同じ音を同じ時間間隔（周期）で延々と聞かされると，いつの間にか，2つ，3つ，4つごとのまとまりを感じます。こういった等間隔の音列（単調拍子）から感じられる2拍子，3拍子，4拍子的なリズム感覚を，主観的リズムといいます。主観的リズムは，楽器の音からだけではなく，雨音や機械音からでも感じることがあります。 図3-18 に，等間隔の単調な音列から，3拍子，4拍子の主観的リズムを感じる様子を示します。

　主観的リズムは，2つ，3つ，4つのいずれのまとまりでも感じることができます。しかし，いったんあるまとまりが生ずると，ほかのまとまりが感じられなくなります。他のまとまりとの差はわずかではありま

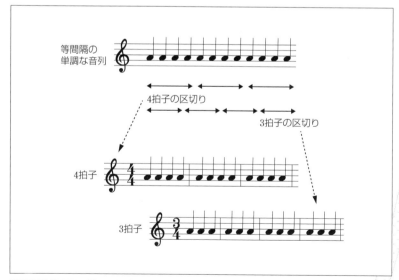

図3-18 等間隔の単調な音列から3拍子や4拍子の主観的リズムを感じる

すが，4 つのまとまりがいちばん自然に感じられます。ただし，周期が長くなると，自然にまとまる数が減少します。

　主観的リズムは，同じ音が 120 ミリ秒から 1800 ミリ秒程度の周期で繰り返されるときに感じられます。音の間の時間間隔が 120 ミリ秒よりも短くなると，音列の各音が区別できなくなってしまいます。また，1800 ミリ秒以上になると，周期的な感覚がなくなってしまうのです。

アクセントでより堅固なリズムが感じられる

　主観的リズムの感覚というのは，人間のリズム感覚の基本となるものと考えられます。物理的には等質な音の連なりなのですが，いつの間にか一定の周期ごとにアクセントが感じられるのです。実際に一定間隔ごとにアクセントがつくと，より堅固なリズムが感じられます。

　アクセントは，音の強弱だけではなく，音の長さ，高さ，音色などを変化させることで作り出すことができます。 図3-19 に，ピッチの違い，長さの違いに基づくリズムを示します。 図3-19 のように，4 つの音のうち 1 音だけのピッチや長さが異なると，その音がアクセントとなり，その音を中心にリズム感覚が形成されます。

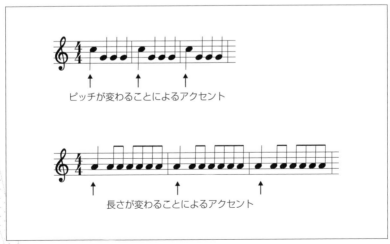

図3-19 ピッチの違い，長さの違いがアクセントとなってリズム感が形成される

3.23 ちょうどいい加減のテンポ

　人間にとって自然な「ちょうどいい加減のテンポ」は，どの程度の速さなのでしょうか？　ちょうどいい加減のテンポの一つが，自分の好きなテンポで机を叩くといった自発的テンポ（パーソナル・テンポ，心的テンポとも呼ばれる）です。この自発的テンポで机を叩き続けているときの典型的な打拍の周期（時間間隔）は，600 ミリ秒程度です。ただし，自発的テンポの個人差もあり，その周期は 380 〜 880 ミリ秒程度に及びます。

　一方，自発的テンポの個人内のばらつきは小さく，自発テンポは個人ごとには明確に定まっています。なお，一卵性双生児の自発性テンポは非常に似ていますが，二卵性双生児の自発性テンポはそれほど似てないそうです。自発的テンポを決める遺伝的要因があるのでしょう。

　なお，人間は一定の規則でリズムを刻むことは容易にできますが，不規則な音列を刻むことは簡単にはできません。リズムで形成される秩序は，人間が本来的に持っている感覚なのでしょう。

自発的テンポと好みのテンポの関係

　一方，音列を聞いたときに感じられる，最も自然で遅すぎず速すぎない，好みのテンポも，「ちょうどいい加減のテンポ」といえるでしょう。好みのテンポも，やはり周期が 600 ミリ秒程度の周期の音を中心に，500 〜 700 ミリ秒程度の範囲に入ります。自然な感じで自分が生み出す自発的テンポと，音列を聞いたときに感じる好みのテンポはほぼ一致した範囲にあります。600 ミリ秒程度の周期の音列の繰り返しは，われわれにとって「ちょうどいい加減のテンポ」なのです。

3.24 リズムのゲシュタルト：リズムを感じるしくみ

リズムを感じさせる音列のまとまりを形成する働きが，リズム・スキーマといわれる人間の処理過程です。リズム・スキーマも，メロディ（ピッチ）の場合と同様に，ゲシュタルトの原理に支配されています。

ゲシュタルトの原理の一つである近接の要因によって，時間的に近い音どうしが「まとまり」を形成します。音と音の間にいわゆる間があると，音列はそこで分断されます。

また，類同の要因によって，質的に類似した音どうしもまとまりを作り出します。図3-20 に示すように，「強弱弱強強弱弱弱強強弱弱強」といった音列からは，「強強弱弱」「弱弱強強」といったリズムは自然に感じられますが，「強弱弱強」「弱強強弱」といったリズムが感じられることはあまりありません。「強」と「強」，「弱」と「弱」が自然とまとまって同じグループを形成するからです。

リズムを構成する音の数が増えた場合

リズムを構成する音の数が増えてくると，1つの音のまとまりが，さらにいくつかのグループに分かれて感じられます。6拍子のリズムだと，3拍と3拍という2つのまとまりに分かれ，全体として6拍子が感じられます。4拍子も，2拍ずつのまとまりになっています。

図3-21 に示すように，5拍子とか7拍子とかの複雑な構造をもった変拍子（混合拍子）でも，3拍子と2拍子の組み合わせ，4拍子と3拍子の組み合わせのような階層的な構造を作ることで，より自然なリズムが形成されます。変拍子は，不規則なイメージがありますが，そのパターンに慣れると心地よく聞くことができます。

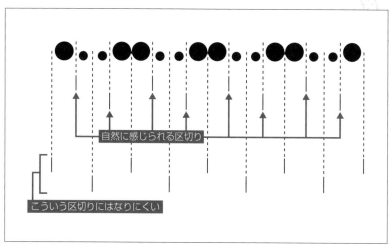

図 3-20 類同の要因によって自然に形成されるリズム

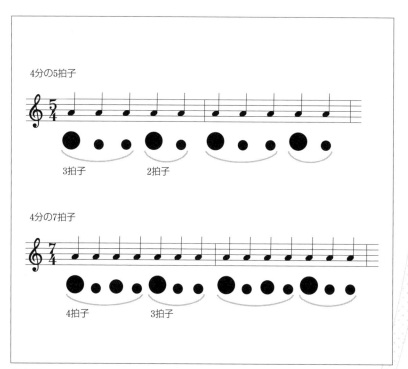

図 3-21 変拍子は階層的な構造を持っている

3.25 リズムのゆらぎ：
グルーブ感を出すために

音楽のレッスンではよく初心者に，「楽譜どおりに演奏しましょう」と注意を与えますが，実際にはプロの演奏家は楽譜通りに演奏していません。意図してずらして演奏します。ずらした方が，はるかにカッコよく音楽的に聞こえるのです。

意図的にずらして演奏する芸術的逸脱

プロの演奏家の演奏とコンピュータで律儀に楽譜通りに演奏した音楽と聞き比べると，一目瞭然（一耳瞭然？）です。演奏家が意図して楽譜からずらして音楽的に演奏することは，古くから知られており，芸術的逸脱と呼ばれてきました。

また，人間は機械のような正確な制御ができないので，ある程度のゆらぎをもって演奏せざるをえません。コンピュータの演奏では正確な制御が可能で，このようなゆらぎはありませんから，不自然に聞こえてしまうのです。ただし，演奏技術が未熟なために生じた大きなゆらぎは，聴けたものではありません。

図3-22 に表したのは，渡辺範彦というギタリストが弾いた『禁じられた遊び（愛のロマンス）』の最初の部分の1拍ごとに，何秒かかったのかを計測したデータです。同じ1拍でも，演奏時間に「ゆらぎ」があることが分かります。よく見ると，小刻みに変動するゆらぎと，大きなうねりのようなゆらぎがあることに気がつきます。小刻みなゆらぎは，テンポの制御をしきれなかったことによるゆらぎです。大きなうねりのようなゆらぎは，演奏者が意図したゆらぎです。この曲は3拍子なので，3拍を1周期とするうねりのようなゆらぎが顕著です。この曲では，3

拍目を長めにとる傾向があり，1拍目も少し長くなっています。

　ポピュラー音楽では，ほめ言葉として，よく「ノリのいい演奏」という言い方をしますが，楽譜からのずれがノリの良さを作り出します。スイング・ジャズのミュージシャンが醸し出すスイング感なども，ノリの良さがないと生み出せません。

　例として，安室奈美恵が歌った『Never End』があります。この曲を分析したところ，歌い出しのフレーズ冒頭部が70ミリ秒楽譜より遅れて演奏されていることが分かりました。この微妙なずれが「あとノリ」といわれる，カッコいいノリを生みだすのです。

　また，1秒以内の短い時間間隔に対しては，人間の耳は，実際の物理的な時間間隔の違いを補正して，等間隔に近づけて感じる傾向があります。2つの時間間隔が同じでない場合でも，その差が小さいと，同じと感じてしまうのです。従って，2つの時間間隔の違いを明確に表現するためには，その差を際だたせる必要があります。そのため，演奏者は，時間間隔の違う音符を演奏するとき，記譜上の長さの違いよりも，より強調した比で演奏する傾向があります。聴いている方も，その方が自然な演奏に聞こえるのです。

　楽譜で伝えられる情報には限りがあり，演奏者は楽譜に表示された限られた情報をもとに音楽をイメージします。演奏者は，楽譜そのものではなく，楽譜から解釈された音楽イメージを演奏するのです。作曲者が楽譜に託したメッセージを伝えるために，演奏者は，楽譜通りには演奏しないのです。

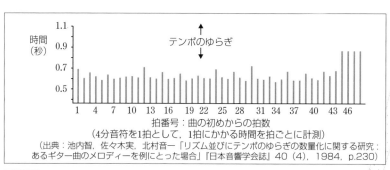

図 3-22　「禁じられた遊び（愛のロマンス）」におけるテンポのゆらぎ

第 4 章

音の空間性

音の源である音源は，空間の中に存在しています。我々の聴覚も，どこから音が聞こえてくるのかを聞き分ける能力を持っています。

私たちに耳が２つあるのは，音の方向を正しく判断するためです。また，空間の中の音は，音源から直接伝わるだけではなく，壁や天井から反射しても伝わります。私たちは，その反射音の情報から，空間に関する性質も把握することができます。音楽を聴くためのコンサート・ホールにおいては，その空間の反射音によって，楽器の演奏音に豊かな響きを与えます。

本章では，音が空間中のさまざまな方向から聞こえるしくみを述べるとともに，コンサート・ホールなど音楽を聴く空間の秘密について解説します。

4.1 耳が２つある生態学的理由：
　　眼鏡をかけるためではない

　私たちには，目と同じように，左右にひとつずつ耳があります。そして，２つの耳に入ってくる音のわずかな時間差および強度差を手がかりにして，音がどの方向からやってきたのかを認識しています。

　目に見えないくらい遠くで災害が起こったり，外敵が襲ってきたりしたときでも，音の情報によってその方向が分かります。そこから，逃れるといった行動がとれるのは，聴覚の方向知覚能力があるからです。

２つの耳で音の方向を認識する

　耳が２つあるのは，人間が生き延びるための生態学的理由によるものです。決して，眼鏡をかけるためではありません。ただし，２つの耳の時間差と強度差で聞き分けられる方向は，水平面上の左右方向に限ります。前から聞こえる音と後ろから聞こえる音とか，音の上下方向などを聞き分けるためには，他の音響的手がかりが必要とされます。

耳が２つあることは音楽を聴く楽しみも増大させる

　ステレオやサラウンドといった多チャンネルのオーディオが効果を発揮するのは，耳が２つあるからです。耳が２つあることは，生き延びるための生態学的理由によるものですが，音楽を聴く楽しみを増大させることにも貢献しているのです。耳が２つあることの恩恵は，コンサート・ホールで音楽を聴取するときも味わうことができます。

4.2 水平面の音の定位：音の方向は両耳間の差から聞き分ける

　ある空間に存在する音源から音が左右の耳に到達するまでの経路を，**図4-1** に示します。**図4-1** に示された真上から見下ろした水平面上では，音が伝達される際に，左耳と右耳の間にほんのわずかですが「音が到達する時間の差」とともに「到達した音の強度の差」が生じます。ある点から発した音は，そこから距離が離れるほど音の強度が弱くなるからです。水平面内の音の方向定位（音がどこから聞こえるか）は，両耳間に生じる音響情報の時間差と強度差によってもたらされます。私たちは，この両耳間の時間差と強度差の情報をもとにして，左右方向を聞き分けているのです。

　ただし，実際の空間における音の定位は，時間差が大きくなると強度差も大きくなるといったように，時間差と強度差の2つの情報が相関した形で提供されています。そのため，実際の音場では，時間差と強度差のそれぞれの効果を独立して検証することができません。

　そこで，ヘッドホンやイヤホンを用いた状況で，時間差や強度差といった両耳間の物理的特性の差の影響が実際に生ずる様子が，それぞれ独立

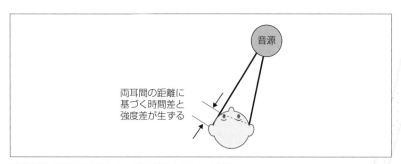

音源

両耳間の距離に
基づく時間差と
強度差が生ずる

図4-1 音源から音が左右の耳に到達するまでの経路

して検証されています。ただし，ヘッドホンによる聴取では， 図4-2 に示すように音像は頭の中に生じてしまい，実際の音場とは少し状況が異なってしまいます。こういった状況で音が定位する位置は，頭の中の両耳の間に限られることになります。

音像と音源

なお，ここで用いた音像という言葉は，人間によって感じられる主観的な音の位置のことを言います。音像と音源（実際に音が発生する位置）は一致することもありますが，別々のこともあります。1つのスピーカが鳴っている音を部屋で聞いているような状況では，このスピーカが音源であり音像にもなり，音源と音像は一致します。一方，2つのスピーカから同じ音が出ているような状況では音源は2つのスピーカですが，音像は2つのスピーカの真ん中に生じます。聞いている側からすると2つのスピーカの間から音が聞こえるのですが，そこには物理的な音源は存在しません。ヘッドホンやイヤホンでは物理的に鳴っている左右の振動板が音源となりますが，左右の振動板が同じ音を出力している場合には，頭の中には音源はありませんが，頭の中に音像が生じます（このような定位を頭内定位と言います）。音像定位というのは，音像を感じて，音像の方向と音像との距離を認識することを言います。音像は，ある一点に定まることもありますが，分布をもって広がっていることもあります。

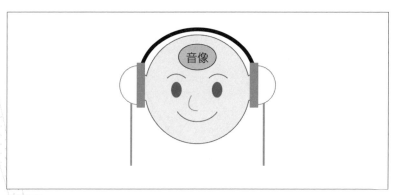

図4-2 ヘッドホン聴取によって生ずる頭内の音像

4.3 時間差の影響：左右の耳への到達時間差が音像定位に影響する

　インパルスと呼ばれる急激に立ち上がって，急激に減衰するごく短い音を用いて，両耳間の時間差と音像定位の関係が明らかにされています。この実験では，極めて短い刺激音をヘッドホンを使って，同じ音圧レベルで両方の耳に提示します。このとき，両耳間にまったく時間差がない場合は音像は頭の真ん中に生じますが，少しでも時間差があると音像は早く提示された側に定位します。音像が頭の真ん中からどれぐらいずれるかは，時間差に応じて変化します。 図4-3 は，両耳間の時間差とそれに応じて音像がずれる様子を示したものです。横軸は，両耳間の時間差です。縦軸は，頭内での聞こえた音の位置で，右耳から左耳までの軸上において，中央から左右にどの程度ずれるのかを示しています。

どれくらいの時間差がどう影響するか

　両耳間の時間差が 630 マイクロ秒（1 マイクロ秒は，100 万分の 1 秒，1,000 分の 1 ミリ秒）までは，時間差が大きくなるほど，音像のずれ（中央からの）は大きくなります。しかし，それより時間差が大きくなると，しだいに音像の偏りは飽和します。そして，1 ミリ秒（1 ミリ秒は，1,000分の 1 秒）以上になると，完全に左右どちらかの耳元に定位してしまいます。

先行音効果

　実際の空間においても，左右に並べた 2 つのスピーカから同じ音が出る場合，片方のスピーカの音が 1 ミリ秒以上遅れると，音は先に出たスピーカの方から聞こえます。遅れて出てきた音は，音の大きさを大きく

補強する効果はあるのですが，音の定位には影響しません。このように先に出た方の音の方向に定位する効果を，先行音効果と呼んでいます。

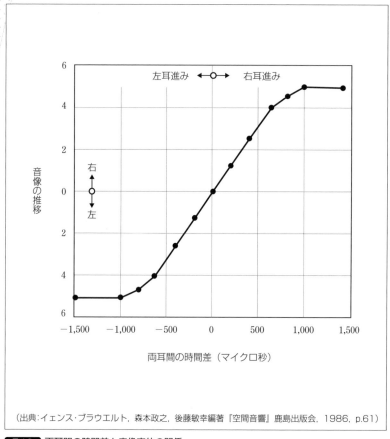

（出典：イェンス・ブラウエルト，森本政之，後藤敏幸編著『空間音響』鹿島出版会，1986，p.61）

図4-3 両耳間の時間差と音像定位の関係

4.4 位相差の影響：波の進みあるいは遅れが音像定位に影響する

音が，正弦波（純音）のような周期的な定常音の場合には，両耳間の信号の位相差に応じた音像の移動が知覚されます。**図4-4** はその様子を表したもので，横軸に両耳間の位相差（位相差は右側が進んだ場合を＋側とし，左側が進んだ場合は－の値とします），縦軸は位相差に応じた音像の左右方への移動量を示します。**図4-4** には，平均値とともに個人のデータも示しています。位相差が0度の場合には音像は中央に定位しますが，位相差の変化とともに位相が進んだ側に音像は移動します。＋側，－側とも90度（$\frac{\pi}{2}$ または $-\frac{\pi}{2}$）ぐらいまではそれほど個人差はないのですが，180度（π または $-\pi$）に近づくに従って，左右反対方向に定位する人もでてきます。

位相差が180度という条件は，時間差としてはかなり分かりやすい条件です。しかし，いずれの耳においても，音が遅れているとも進んでいるとも解釈できる条件なので，両方の側への定位が可能となるのです。そのため，位相差による方向定位は，かなりあいまいなものになります。

また，正弦波の周波数が1,600Hzを越えると，位相差に応じた音像の移動が観測されなくなってしまいます。位相差に応じた音像定位には，波形の位相情報が正しく伝わる必要があるのです。周波数が高くなると，しだいに位相の情報が伝わりにくくなっているのです。

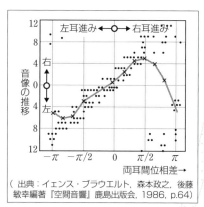

（出典：イェンス・ブラウエルト，森本政之，後藤敏幸編著『空間音響』鹿島出版会，1986，p.64）

図4-4 両耳間の位相差と音像定位の関係
●は個々のデータ，×は平均

4.5 強度差の影響：
音の大きい側に引きつけられる

両耳に入力する信号間に時間差がない場合でも，その間の強度差（音圧レベル差）によって音像の移動が生じます。 図4-5 は，両耳の間の音圧レベルの差と音像の移動との関係を示したものです。両耳には，同じ音（600 Hz の純音または広域ノイズ）を入力しています。両耳の音圧レベルが等しい（両耳間の音圧レベル差 ＝0）のとき，音像は頭の中央に生じます。両耳間の音圧レベルの差が生ずると，レベル差に対して直線的に音像が移動します。音像は，音圧レベルの高い側に生じます。両耳間レベル差が 10 dB 以上になると，音像はどちらかの耳に偏ってしまいます。

ただし，同じレベル差でも，周波数帯域によって，音像の移動量が若干異なります。2 kHz 付近の周波数帯で移動量が最大になります。2 kHz よりも周波数が低くても高くても，移動量は小さくなります。

左右の耳間に時間差とレベル差が両方あり，その効果が逆方向に働く場合には，音像の移動がキャンセルされます。時間差により右側に移動した音像に対して，左チャンネルの信号の音圧レベルを上昇させることによって，音像を中央に戻すことが可能なのです。

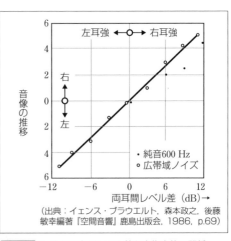

（出典：イェンス・ブラウエルト，森本政之，後藤敏幸編著『空間音響』鹿島出版会，1986，p.69）

図4-5 両耳間の音圧レベル差と音像定位の関係

4.6　正中面の音の定位

　人間の体の中心を通り，前後で輪切りにしたような正中面上の前後，上下といった方向から到来する音の場合，音源から両耳までの距離が等しく，両耳間には時間差もレベル差も生じません。音の前後，上下方向を聞き分けるためには，別の手がかりを用いる必要があります。その手がかりとは，頭部と耳介の形状に由来する周波数特性（頭部伝達関数）による音のスペクトル形状の変化で，スペクトラル・キーと呼ばれています。特に，5 kHz 以上の高い周波数帯域のスペクトラル・キーが正中面での音の定位に重要な役割をしています。

　耳介は，後ろの方からの音の高い周波数成分を減衰させます（1.15 節参照）。このスペクトラル・キーをもとに，我々は音の前後方向の判断を行っているのです。**図4-6** のような後方に向いたロート付きのしんちゅう管を耳に挿入した場合，音源の前後逆方向に音像が生じます（後

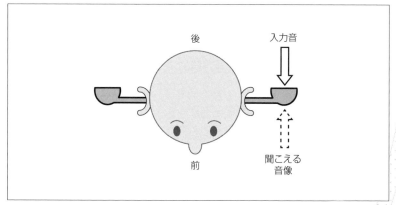

図4-6 後方に向いたロート付きのしんちゅう管を耳に挿入した場合，音源の前後逆方向に音像が生ずる

143

ろから出した音が前から聞こえるのです）。ロートが耳介の役割をはたして，スペクトラル・キーをもたらすのです（高い周波数の音を減衰させるのです）。

音像の方向を決定する方向決定帯域

3分の1オクターブ幅のバンド・ノイズを使って，周波数スペクトル形状と音の正中面（頭を前後方向に切る平面）定位に関しての系統的な実験が行われています。この実験では，両耳に入力される信号がまったく同一になるような条件で，スピーカから3分の1オクターブ・ノイズが提示されます。その状態で，前方，上方，後方のいずれの方向に音像が生じているのかを判断するのです。

図4-7 にその実験結果を示します。図4-7 の横軸はバンド・ノイズの中心周波数で，縦軸は後方，上方，前方と判断された割合（相対頻度）です。バンド・ノイズの中心周波数が異なれば，音像の感じられる位置が大きく変化している様子が分かります。300 Hz から 500 Hz 付近，および，3 kHz から 5 kHz の周波数帯の音は，前方と判断された割合が高く，前方に定位する傾向があります。これに対して 8 kHz 付近の音は，上方に定位します。後方に定位する周波数帯は，800 Hz から 1600 Hz，および，10 kHz から 12 kHz 付近です。このような音像の方向を決定する周波数帯域は，方向決定帯域と呼ばれています。

ただし，初めて聞くような音では，元々のスペクトルの情報がないので，スペクトラル・キーは推測に基づくものとならざるをえません。そのために，上下，前後の音の方向判断はあいまいで，区別がつかなかったり間違えたりすることが多く，左右方向に比べると精度は落ちます。

なお，フクロウの耳は顔面の前方に，上下非対称についています。顔をまっすぐにしたときには，左右の耳は斜め方向に対峙します。このような構造のおかげで音の上下方向の判断にも，両耳間の時間差や強度差を利用することができます。そのため，音の上下方向も左右方向と同様に正確に判断できるのです。このユニークな形状は，獲物の音を正確に捉えるための進化だと考えられています。

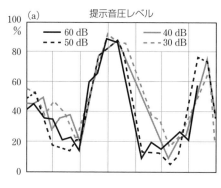

（a）後方に定位すると
　　回答された相対頻度（%）
　　（各音圧レベルで提示した場合）

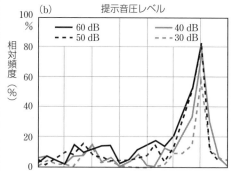

（b）上方に定位すると
　　回答された相対頻度（%）

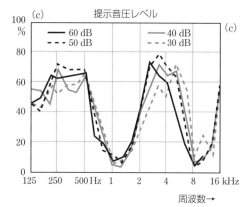

（c）前方に定位すると
　　回答された相対頻度（%）

（出典：イェンス・ブラウエルト，森本政之，後藤敏幸編著『空間音響』鹿島出版会，1986，p.97）

図4-7 バンド・ノイズの中心周波数と音像の感じられる位置の関係

4.7 方向知覚の弁別限は
音源の方向に依存する

　音の方向がどれだけ正確に分かるのかは，音源の方向によって異なります。方向知覚に関して，何度ぐらいの角度の違いまでが正確に分かるかの弁別限を 図4-8 に示します。 図4-8 には，角度の増加側（＋）と減少側（−）それぞれの場合における，個人別のデータ（各点）と平均値（実線と破線）を示しています。

音源の方向とその弁別限

　図4-8 によると，水平面の正面方向（0度）は最も弁別限が小さく，1度を下回ります。水平面（左右方向）の音像定位は，両耳間の時間差と強度差を利用できるので，細かい角度の違いまで聞き分けることができるのです。水平面でも音源が正面からずれるとともに弁別限は大きくなり，90度（真横）で最大になります。90度の条件では，反対の側の耳に届く音のパワーが小さく，ほぼ片耳の条件で方向定位がなされるのでその判断が難しくなるのでしょう。この条件では，個人差も大きくなります。90度を越えて180度に至るまでは，再び弁別限は小さくなります。

　横断面（側方）の弁別限では，真上にあたる0度方向で最も小さく1度程度で，角度が増すと弁別限は次第に大きくなります。ただし，弁別限が最大になる90度（真横）でも弁別限は3度程度で，それほど大きくはなりません。90度の弁別限は，水平面の場合よりも小さくなります。真横の音は，前後に動くより，上下に動く方がその変化が分かりやすいのです。

　正中面の弁別限は，水平面，横断面に比べると，かなり大きくなって

います。正中面においても，水平面と同様に，正面では 3 〜 5 度と最も
小さくなっていますが，角度が増加すると急激に弁別限も大きくなりま
す。90 度の条件（真上）では最も大きくなり，角度の + 側で 10 度程度，
− 側で 20 度程度となっていて，個人差も大きくなっています。90 度か
ら 180 度にかけては，再び弁別限は小さくなります。正中面での音像の
定位には，両耳間の時間差や強度差が使えず，定位があいまいになるた
めに，弁別しにくく，個人差も大きくなるのでしょう。また，横断面の
弁別限と比較すると，真上の音は，前後に動くよりも，左右に動く方が
分かりやすいのです。

　また，頭の動きは，方向知覚能力を向上させます。音の前後判断は誤
りやすいのですが，頭を動かすことにより，誤りが少なくなります。

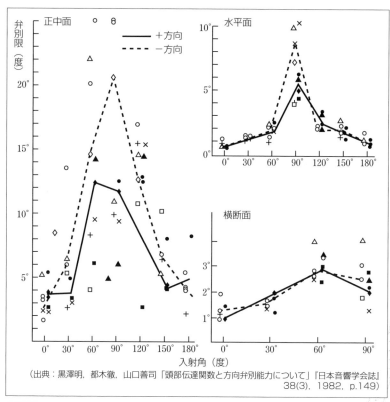

（出典：黒澤明，都木徹，山口善司「頭部伝達関数と方向弁別能力について」『日本音響学会誌』
38(3)，1982，p.149）

図4-8 水平面，横断面，正中面における方向知覚の弁別限：
　　　　実線と破線は平均値，各点は個人のデータ

4.8　音の定位に及ぼす視覚の影響

　本章におけるここまでの解説は，いずれも音だけを聞いたときの話です。しかし，方向定位は，目で受け取る情報の影響を強く受けます。NHKは，テレビ放送にステレオを導入した当時，番組づくりに活かすために方向定位に及ぼす視覚の影響を詳細に調査しています。図4-9にそのときの実験状況と実験結果を示します。

女性アナウンサーの映像と音像定位の実験

　この実験では，女性アナウンサーが喋っている映像が提示され，同時にその喋り声もスピーカから提示されます。このとき，音像の方向が映像の方向とは限らず，水平面上のさまざまな方向から提示されます。ただし，前方に限ります（当時は後ろから音を出すことを考えていませんでした）。そして，映像を見ながら，どこから声が聞こえてくるのかを判断するのです。

　図4-9 の実験結果には，提示した音像の方向と実際に感じた音像の方向の関係が示されています。もし，視覚の影響がまったくなければ，データは45度の傾きの直線上に並ぶはずですが，ずいぶん曲がっていますので視覚の影響を受けていることが分かります。

　実際の音像が0度から10度にかけては映像の支配領域で，音は映像に引き寄せられてしまいます。5度くらいまでなら，音が映像とずれたところから提示されても，女性アナウンサーの映像の位置から声が聞こえるのです。

　10度から20度にかけては，映像音像競合領域で，音像はあるときは映像に引き寄せられ，別のときには正しい方向に生じます。そのため，

この領域では，判断のばらつきが最も大きくなります。図中の標準偏差
（平均値のばらつき）の大きさがこの条件で最も大きくなっているのは，
このことを反映しています。

　20度以上では，音像は映像の影響から開放され，実際に出てきた方
向から音が聞こえるようになります。この領域では，音と映像の一体感
はなくなり，別のものとして認識されます。

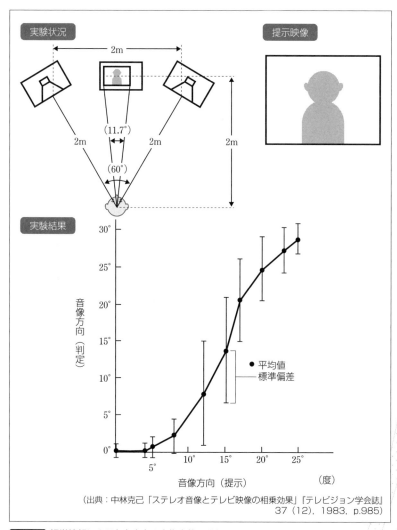

（出典：中林克己「ステレオ音像とテレビ映像の相乗効果」『テレビジョン学会誌』
37（12），1983，p.985）

図4-9 視覚情報による左右方向の音像定位のずれ

さらに，映像が音像を引き寄せる力は，画面が大きくなるほど大きくなることが示されています。 図4-10 に，画面サイズが視覚情報による音像のずれに及ぼす影響を示します。縦軸に，10 度の方向に実際の音像があるときに，映像を見ることによりどの程度音の方向定位が移動するかを示しています。横軸は画面サイズです。画面サイズが大きくなるほど，10 度方向から正面方向への音像の移動量が増加しています。

上下方向に関しても，音像は映像に引き寄せられます。 図4-11 にその様子を示します。実際の音像は上下方向には移動していないので視覚の影響がなければ音像は移動しないことになりますが，映像が上下することによって音像も映像に合わせて上下に移動するのです。上下方向は，両耳間の差が手がかりとして使えないので，あいまいなため視覚の影響が顕著です。

なお，音が映像の方向に引き寄せられる影響力は，映像への注目度によっても異なります。映像の中で喋っている人が同性だと，視覚情報が音像定位に及ぼす影響は顕著ではありません。これに対して，喋っている人が異性の場合には，視覚の影響力はかなり強くなります。実際の音が映像よりも相当ずれていても，映像の方向に音像が引き寄せられるのです。映像に映っているのが愛する人なら，影響はもっと大きいのでしょうか？この実験における注意の効果は，まばたきの測定によって確かめられています。一般に，注視するとまばたきの回数が少なくなります。異性が喋っている映像を見ている場合には，まばたきの速度が低下していました。

視覚を基準としてつじつまをあわせようとする

このように，一般に，定位に関する実験では，視覚優位の傾向がみられます。聴覚と視覚が矛盾した情報を受け取ったとき，脳がなんとかつじつまをあわせようとします。このとき，視覚が基準となりがちなわけです。このように，異なる感覚の矛盾する情報を統合しようとする能力は，高度な処理です。そんな処理ができるのは，サルぐらいまでの高等動物に限られます。それ以下のレベルの動物には，こういった統合能力はありません。

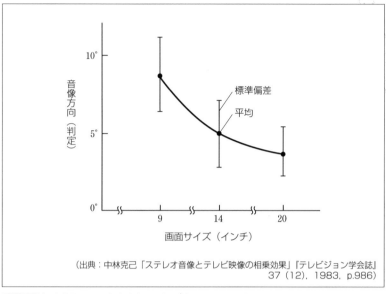

(出典：中林克己「ステレオ音像とテレビ映像の相乗効果」『テレビジョン学会誌』
37（12），1983，p.986)

図4-10 視覚情報による左右方向の音像定位のずれに及ぼす画面の大きさの影響（実際の音像は 10°の方向から提示される）

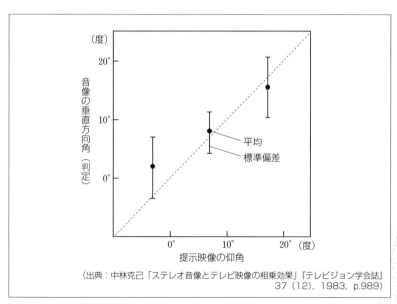

(出典：中林克己「ステレオ音像とテレビ映像の相乗効果」『テレビジョン学会誌』
37（12），1983，p.989)

図4-11 視覚情報による上下方向の音像定位のずれ（実際の音像は上下方向には移動していない）

4.9 腹話術効果

視覚優位の音像定位は，現象的には，かなり古くから指摘されています。その時に生ずる視覚が音像定位を支配する効果は，自分の声とあやつり人形の声を使い分ける芸になぞらえて，腹話術効果と言われています。

人形の口から声が聞こえてくる

人気の腹話術師「いっこく堂」の芸をみていると，腹話術効果とは実にうまいネーミングだと実感します（YouTube などでも各種のネタを見ることができます）。口を閉ざし，声色を変えて喋っているだけなのですが（それが難しいワザなのですが），人形が口をパクパク動かすとあたかも人形が喋っているように聞こえてきます。もちろん，その声は，人形の口から聞こえてくるから不思議です。

口の動きと声の同期が取れてなければいけない

腹話術効果の効果は，口の動きと話し声の同期がとれていることが基本となります。そこにずれがあると視覚の影響が低下して，人形の口から発しているようには感じられなくなります。

4.10 音の距離感： 大きな音は近くに聞こえるけれど

　遠くから聞こえてくる音は小さい音，近くで聞こえる音は大きな音であるという認識は，だれでもが持っている感覚です。実際に，同じ音源であれば，遠くにあるほど，聴取点での音圧レベルは低下します。そのため，聞こえる音の音圧レベルが低下するほど，遠くにあるように聞こえます。音圧レベルの違いは，相対的な距離判断には有効な手がかりとなっています。

聴覚だけに頼った距離感には限界がある

　ただし，その音源から「何メートル離れているのか」といった具体的な距離判断に関しては，私たちの判断はあいまいです。人間の声のように日常経験の豊富な音なら割と正確に距離の判断はできますが，初めて聞いたような音だと，音源が見えない状況では距離判断は困難です。また，音のみが手がかりだと，1.5 m ぐらいまでの近距離では実際の音源までの距離と知覚した距離感は一致するのですが，実際の音源が 1.5 m 以上遠くに離れても，知覚される距離感はそれほど大きくなりません。聴覚だけに頼った距離感には限界があるのです。

　さらに，音に対する経験が音の距離感に影響します。音だけを手がかりにしたとき，普通の声や叫び声は遠くから聞いた場合にはその距離感が感じられるのですが，ささやき声の場合には，遠くからの声でも近くに聞こえるのです。そして，普通の会話の声に比べて，同じ距離から聞こえた叫び声は遠くから聞こえ，ささやき声は近くから聞こえるのです。

4.11 両耳聴取が音の空間性を感じさせる

　人間は片耳でも様々な音響情報を良好に受聴できるのですが，両耳を用いた受聴は単耳に比べ多くの点で優れています。これは，時間差や強度さなどの，両耳における信号の差異から得られる付加情報があるためです。本章で述べてきたように，どこから音が聞こえているのかを判断できるのも，水平面では両耳の情報の差に基づきます。

　両耳がもたらす情報は，音源の方向情報だけではありません。音が鳴っている音場の情報も伝えてくれます。コンサート・ホールなどで音楽を聴くとき，その音場から広がり感，音に包まれた感じといった音の空間性を感じることができます。

楽譜には現れない音の空間性を感じて楽しむ

　音楽を再生するオーディオ機器においても，モノフォニック（1チャンネル）からステレオ（2チャンネル），4チャンネル・ステレオ，さらには5.1チャンネル・サラウンド方式に発展することで，音楽演奏の空間情報の再現性を向上させる試みがなされてきました。現在でも，あたかも演奏会場で聴いているような臨場感を得るための技術開発が行われています。

　音の空間性は，楽譜の上には現れませんが，音楽演奏の仕上げをするスパイスのような存在と言えるでしょう。音の空間性の情報によって，私たちは豊かな演奏音を楽しむことができるのです。

4.12 コンサート・ホールに求められるもの

コンサート・ホールは，音楽を聴くための空間です。音楽を生で聴くとき，私たちは聴いている部屋の響きとともに音楽を楽しみます。部屋の響きが音楽の最後の味付けをしているのです。コンサート・ホールは，楽器の一部と言ってもいいでしょう。とりわけ電気の力を借りないクラシック音楽において，演奏会場の響きは重要です。

コンサート・ホールに求められる厳しい条件

音楽を聴くための空間としてのコンサート・ホールには，騒音が少ないこと，音が大きく聞こえること，適当な響きがあること，エコー障害がないこと，広がり感があること，明瞭に聞こえることなど，厳しい音響条件が求められています。

隅々まで音が行き届く空間

また，コンサート会場は，オーディオ・ルームと違って，一人の鑑賞者のための空間ではありません。多くの人が音楽を楽しみます。そのためには，部屋の隅々まで音がきちんと行き届くような空間である必要もあるのです。

4.13 直接音，反射音，残響：適度なバランスが演奏音を豊かにする

　私たちが部屋の中で音楽を楽しむとき，楽器の音が直接に耳に届く直接音だけを聴いているわけではありません。 **図4-12** に示すように，ほんの少し遅れてではありますが，壁や天井や床などから反射してから耳に到達する反射音も一緒に聴いています。そして，コンサート・ホール内では，音は反射を繰り返し，いろんな方向から反射経路に応じた時間遅れで耳に到達します。

　図4-13 に，インパルス状のごく短い音を直接音として，耳に到達する反射音のパワーの様子を示します。反射音もインパルス状です。音源から最初に到達するのは，最もパワーが大きい直接音です。ついで，どこかの壁に反射した音が耳に到着します。さらに，もう少し長い経路を経た反射音が到達します。このように，直接音の直後に到達する反射音は初期反射音と呼ばれ，反射回数は少なく（たいてい1回），パワーも大きいのです。また，反射音はまばらに到達します。

　反射は一度だけでなく部屋の中で繰り返しますから， **図4-13** に示すように，直接音の到達から少し時間がたつと，耳に到着する反射音のエネルギーは小さくなりますが，その数は増加し，反射音間の時間間隔も短くなります。このような状態の反射音群を残響と呼んでいます。

　音の定位方向は直接音によって定まり，初期反射音は音の大きさを増強するのに貢献し，残響は音の広がり感をもたらします。直接音と反射音の時間間隔は，部屋の大きさの認識の手がかりにもなっています。

　反射は，建物の構造と音の物理的特性に伴って生ずる物理現象ですが，楽器演奏音の最後の味付けとして欠かせません。音楽専用に設計されたコンサート・ホールで聴く演奏は，反射音のスパイスがきいて，豊かで

潤いのある最上の音になります。音響の研究には，グラスウールという音を吸い取る素材（吸音材料）で壁，床，天井のすべてを囲った無響室と呼ばれる反射音がまったくない実験室が使われます。無響室のような響きのない空間で聴く音楽は味気ないものです。

コンサート・ホールにはジャンルに応じた響きがある

ただし，反射音は多ければ多いほどいいというわけではありません。音が重なってメロディが分からなくなっては，音楽が楽しめません。歌の場合には，歌詞の意味も聞き取れなくなってしまいます。人間の声や音楽がきちんと理解できることも，大事な要素です。そのために，直接音がきちんと聞こえていることが重要です。コンサート・ホールには，音楽のジャンルに応じた，ほどよい響きがあるのです。

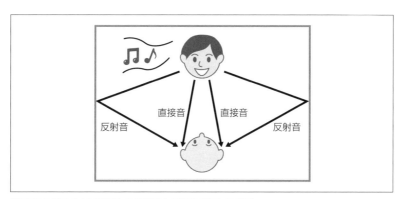

図4-12 部屋の中で音源から直接音と反射音が伝わる様子

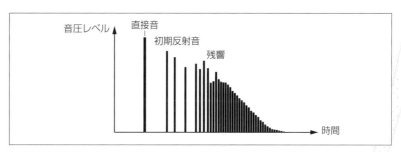

図4-13 時間軸上に表したインパルス状の直接音とその反射音のパワー

4.14　音楽の邪魔をする反射音

　反射音は，直接音のあとにすぐ到達すると直接音の聞こえを助け，響きを豊かにする働きがありますが，遅れて到着すると妨害要因になることもあります。エコーとは，比較的長い時間をかけて伝搬される，パワーの大きい反射音です。エコーがある部屋で人の話を聴いても，何を言っているのか理解できません。音楽演奏音の鑑賞の妨げにもなります。エコーがあると，演奏する側もやりにくいでしょう。

　また，図4-14 に示すような平行な壁面や，一点に焦点を結ぶような形状の壁面などでは，特定の経路でパワーの大きい反射音が繰り返されることがあります。このような反射音は，フラッター・エコーと呼ばれ，「ビーン」といった不思議な音が生じます。フラッター・エコーが生ずるような空間ではスペクトル形状も変化するので，演奏音の音色も変化してしまいます。フラッター・エコーはトンネルのような空間で生じますが，日光山輪王寺薬師堂で聞こえる「鳴き竜」と呼ばれるフラッター・エコーが有名です。薬師堂では，拍子木を叩くと，天井に描かれた竜の口から「ビーン」という音が聞こえるので，「鳴き竜」と呼ばれているのです。

　こういったエコー類は，音楽を楽しむためのコンサート・ホールでは避けたい現象です。そのため，コンサート・ホールでは，平行な面や音の焦点が生ずるような形状にはしない，吸音材などをつかって反射を防ぐなどの対策をとっています。

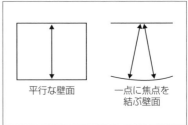

図4-14 フラッタ・エコーを生じる平行な壁面，一点に焦点を結ぶ壁面

4.15 残響時間：コンサート・ホールの特徴を表すモノサシ

　コンサート・ホールで聞く音の質は，部屋の残響特性により大きな影響を受けます。空間の残響特性を表す指標が残響時間です。音響学の定義に従えば，**図4-15** に示すように，残響時間は，「一定のエネルギーで満たした音を急に遮断したとき，60 dB 減衰する（パワーが 100 万分の1 になる）時間」ということになります。残響が指数関数に従って減衰するときには，音圧レベルの減衰は直線で表せます。そして，その直線の傾きから，残響時間が計測できます。

　残響時間という指標を最初に考え出したのは，ハーバード大学のセイビンという物理学者です。大学のフォッグス美術館のために作られた講堂（1895 年）の音響特性が悪く，対策を求められたのがきっかけでした。セイビンはオルガン・パイプを音源に使い，演奏をやめてから音が消えるまでの時間を測定することで，残響時間を計ったそうです。

　最近では，10 dB 減衰するまでの時間を計測して，これを 6 倍して残響時間を求める方法も用いられています。この方法で求めた残響時間は，EDT（Early Decay Time）と呼ばれています。減衰特性が指数関数であるときは，EDT は残響時間と一致します。そうでない場合は，EDT と残響時間は，若干ずれることになります。EDT の方が感覚的な残響感とよく対応するといわれています。

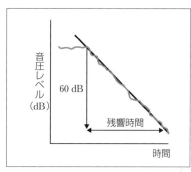

図4-15 残響時間の定義：一定のエネルギーで満たした音を急に遮断したとき，60dB 減衰する時間

　残響時間の弁別閾は，おおよそ基準となる時間の7％程度です。125 Hz以下の帯域では，もう少し弁別閾が大きくなります。さらに，残響時間の弁別閾は，音の継続時間の弁別閾よりも小さいことが示されています。残響の長さ感を形成するのは，継続時間ではなく，音の大きさの減衰勾配なのです。

用途によって最適な残響時間は異なる

　屋内空間にとって最適な残響時間は，設計対象とする部屋の大きさや用途により異なります。部屋が大きくなるほど，最適残響時間は長くなります。よく「コンサート・ホールにおける理想の残響時間は2秒」と言われますが，部屋の容積や用途にも依存し，最適な残響時間が2秒とは限りません。図4-16に部屋の容積や用途に合わせた最適残響時間を示します。講演会や芝居のように言葉を明確に聴き取る必要のある部屋では，最適残響時間は比較的は短めです。長い残響のある教会で演奏されていた教会音楽を演奏する空間では，残響時間は長い方が好まれます。オーケストラ等のクラシック音楽の場合は，教会音楽ほどではないにせよ，長めの残響時間が必要とされます。オペラやミュージカルの場合は，台詞を理解する必要があるので，最適残響時間は器楽演奏の場合よりも若干短めです。

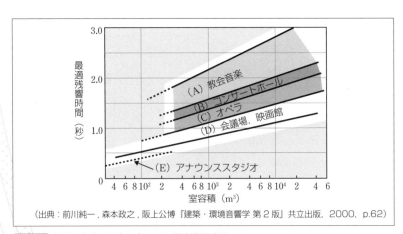

（出典：前川純一，森本政之，阪上公博『建築・環境音響学 第2版』共立出版，2000，p.62）

図4-16 部屋の容積や用途に合わせた最適残響時間

4.16 ホールに広がり感をもたらす横からの反射音

　私たちは，コンサート・ホールで音楽を聴くとき，その音場から広がり感，音に包まれた感じといった音の空間性を感じることができます。音の空間性を生じさせるのは反射音の働きによるのですが，広がり感を生じさせるためには，反射音の方向が決め手となっています。

　フル・オーケストラなどの演奏では，広がり感があることが，演奏音の良し悪しを決める重要な要素となっています。ホールで十分な広がり感を得るためには，両方の耳に入ってくる反射音の間に相関がないことが必要です。天井などからの反射音は，同時に両耳に到達するので，両耳間の相関が大きく，広がり感に貢献しません。一方，横方向からの反射音は，時間のずれもあり比較的相関が小さくなり，広がり感を生じさせます。

　そのために，広がり感を見積もる指標として，横方向から耳に入ってくる音のパワーの割合，あるいは両耳間の相関の度合いが用いられます。横方向からのエネルギーが占める割合が高いほど，両耳間の相関度（類似している度合い）が低いほど，広がり感は大きくなります。

広がり感の2つの側面

　広がり感には，**図4-17** に示すように「みかけの音源の幅」と「音に包まれた感じ」の2つの側面があります。みかけの音源の幅は，聞こえている音源がどれだけの横方向の幅があるかという感覚です。音の包まれた感じは，音源以外の音像で聴き手の回りが満たされた感覚です。

　見かけの音源の幅には，初期に到達する反射音が大きく影響します。これらの反射音は，音源の方向には影響は与えませんが，音源の音量を

補強します。そのため，音源が大きく感じられるのです。

　音に包まれた感じに大きく影響するのは，後続の反射音です。後続の反射音は，音像が分離して聞こえるので，聴き手の回りを音が囲んでいるように感じられるのです。

　いずれの感覚も，両耳間に入力される反射音間の相関が低いほど，強くなります。

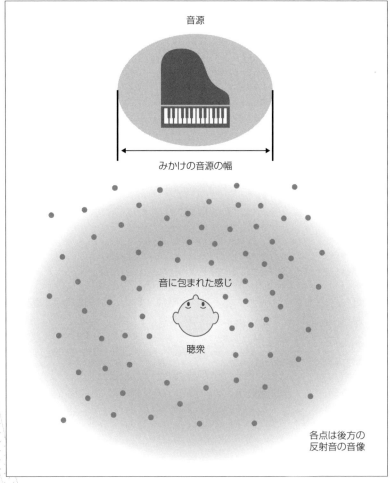

音源

みかけの音源の幅

音に包まれた感じ

聴衆

各点は後方の
反射音の音像

図4-17 「みかけの音源の幅」と「音に包まれた感じ」の概念図

4.17 遮音と吸音：音を遮断することと音を吸い込むこと

コンサート・ホールで音楽を楽しむためには，外部からの騒音がコンサート・ホール内に入らないように十分な対策をしておくことが必要です。さらには，空調の音なども極力抑えることが望まれます。

コンサート・ホール内では，演奏家の奏でる音だけが鳴り響くことが理想とされます。壁の向こうのおしゃべりや，建物の外を走る自動車や電車の音などまったく聞こえない，閉ざされた空間であることが求められます。また，部屋の中で生ずる反射音もコントロールされ，適度な響きが得られる空間でなければなりません。このようなコンサート・ホールの音響設計の基本となるプロセスが，遮音と吸音です。

外からの振動を伝わりにくくする遮音

ドアや窓を閉め切っただけでは，コンサート・ホールに必要な静寂空間は作り出せません。遮音を確実にするためには，壁やドアの厚みが重要です。壁が薄っぺらで軽い素材だと空気の振動が伝わりやすく，壁の振動で音が伝搬します。壁の素材が重いほど，振動が伝わりにくくなります。そのため，コンサート・ホールには，厚みのある壁やドアが使われています。壁を二重にすることも有効です。壁，床，天井に直接伝搬してくる振動を防ぐためには，部屋全体を建築物から構造的に分離する浮き構造と呼ばれる形態が有効です。

部屋の余分な反射を軽減する吸音

一方，部屋の余分な反射を軽減するのが吸音です。吸音材料を壁に貼り付けることで，そこで音のパワーを消費させ，反射する音を軽減する

ことができます。吸音材料は，グラスウールのように，柔らかくて気泡や隙間の多い材料です。無響室では，部屋全体に分厚いグラスウールを張りめぐらせて，反射を防いでいます。板の壁も，板振動によって低音域のエネルギーを吸収します。レゾネータと呼ばれる共鳴空間を利用して，音を吸収する手法も用いられます。

　コンサート・ホールのように密閉された空間では，人工的な換気の必要があり，換気に伴う風の音を軽減しなければなりません。そのために吸音材料を貼りつけたダクトが用いられています。

4.18　コンサート・ホールの誕生と発展

　ヨーロッパの中世の教会によくみられる石造りの巨大なドームは，当時の教会の力を誇示する存在と言えるでしょう。その中は残響時間の長い空間で，グレゴリア聖歌のような教会音楽が奏でられていました。グレゴリア聖歌は，単一のメロディ・ラインしかない斉唱で，シンプルさと力強さで，荘厳な雰囲気を醸し出していました。14世紀以降には，オルガンも使われるようになりました。パイプ・オルガンの迫力に満ちた響きも，教会の力を示すシンボル的な役割を担っていたのです。

16世紀以降の音楽と鑑賞スタイルの変遷

　16世紀ごろの音楽は，教会や宮廷で演奏される音楽と，民衆が演奏する音楽で，そのスタイルが違っていました。教会や宮廷は残響時間が長く，そこで好まれたのは柔らかい音色の楽器でした。また，美しい協和音の響きが好まれました。一方，大衆音楽は，響きの少ない屋外で演奏され，金管楽器やバグパイプのような高域成分の豊かな刺激的な音色の楽器が好まれました。

　17世紀になると，バロック様式の建築が多く作られ，木材も多く利用されるようになりました。教会内の残響時間も，かつてほどは長くはなくなってきました。貴族階級の屋敷でも，音楽がよく演奏されるようになってきました。壁掛けや敷物に覆われ，それほど大きくない部屋の残響時間は短く，演奏音はクリアに聞こえます。そのため，独自の音色を強調するような楽器が好まれるようになりました。

　18世紀の後半から多くの人を対象として，演奏会が開かれるようになりました。ただし，この頃の演奏会は，貴族階級の内輪の集まりで，

コンサートというよりは，音楽パーティといったおもむきでした。そこで行われていたのは，飲酒や喫煙，トランプなどを楽しみながらの音楽聴取でした。18世紀の演奏会は，社交のため，娯楽のための場でした。また，演奏曲目は，過去の作品ではなくその時代の音楽家の作品でした。

　19世紀前半になると，人々は，音楽を「聴く」ために演奏会に出かけるようになりました。聴衆が誕生したのです。ニコロ・パガニーニのような，ヴィルトゥオーソと言われる超絶技巧の音楽家が人気を得るようになり，多くの聴衆が押しかけました。パガニーニのすさまじい演奏の様子に対し「悪魔に魂を売った」という噂が広まったといいます。多くのブルジョア階級が演奏会に通うようになったため，コンサートがビジネスとして成立するようになりました。パガニーニは，アイドル並みの人気者で，演奏会はいつも超満員だったそうです。フランツ・リストもそんなパガニーニに影響されて，超絶技巧のピアニストとして活躍しました（後年は作曲家としての活動が中心になりましたが）。

集中して聴取したいというニーズに応えたコンサート・ホール

　19世紀中頃には，人々はヴィルトゥオーソにも飽き始め，演奏よりも作品そのものを味わうためにコンサートに訪れるようになってきました。過去の作曲家による古典的作品をじっくりと味わうという，今日のクラシック音楽のコンサート形式が確立したのはこの時期のことです。

　聴衆が集中して音楽を聴取したいとの要望に応えるために，外部の音を完全に排除し作品のみで構成された音響空間が必要とされるようになってきました。そのようなニーズに応えた空間がコンサート・ホールです。シュー・ボックス型と呼ばれる直方体のコンサート・ホールが作られるようになったのもそのころです。

4.19　コンサート・ホールの形状

　側方の反射音を多くするための形状の一つが，シュー・ボックス型といわれる形状です。名前のとおり，靴箱のように直方体のホールです。この形状のホールでは，広がり感を作り出す横方向からの反射音を十分に得ることができるので，音楽を聴くためのコンサート・ホールとしては理想的な形状とされています。

　ウィーン・フィルハーモニーが毎年ニュー・イヤー・コンサートを行うことで知られるウィーン楽友協会大ホールは，シュー・ボックス型のコンサート・ホールの代表と言えるでしょう。このホールは，世界一いい音のするホールとして最高の評価を得ています。

　シュー・ボックス型はその形状による制限のため，収容人数をそれほど多くすることはできません。オーケストラ等の演奏会で，採算がとれるようにするためには，多くの聴衆を収容する必要があります。

　ヴィニャード（ブドウ畑）型といわれるコンサート・ホールの形状は，収容人数を多くしつつも十分な側方の反射音を確保する一つの解決法として考え出されました。**図4-18** に示しますが，ヴィニャード型のホールでは，ステージを取り囲むように客席を配置し，客席を取り囲むように小さな区画を設けます。区画壁から得られる側方からの反射音により，望ましい音場を作り上げるのです。世界初のヴィニャード型のホールは，ドイツのノイエ・フィルハーモニー・ホールでした。指揮者のカラヤンに「音の宝石箱」と賞賛されたサントリー・ホールは，日本初のヴィニャード型のコンサート・ホールです。

ワインヤードは和製英語

サントリー・ホールがオープンした当時，ワインヤード型ホールという名称で知られていました。ワインヤードという言葉は英語のような語感を与えますが，英語にはそんな単語はなく，和製英語です。ブドウ畑という意味では，ヴィニャード（vineyard）というのが正しい表現です。もちろん間違いに気がついてはいたのですが，スポンサーのサントリーにはワインヤードの方がふさわしい（都合がいい）ので，そのままにしたのでしょう。

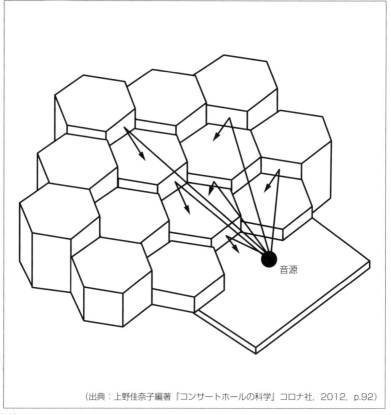

（出典：上野佳奈子編著『コンサートホールの科学』コロナ社，2012，p.92）

図4-18 ヴィニャード型のホール：舞台を囲むように客席を配置し，小さい仕切りで側方の反射音を得る

第 **5** 章
オーディオ機器の歴史と原理

　日常生活の中で音楽を楽しむとき，多くの場合，オーディオ機器（音響機器）を通して音楽を聴いています。

　オーディオ機器の歴史は 19 世紀の末に遡りますが，その後の進歩は目覚ましいものでした。オーディオ機器の発展により，音楽は日常生活の中で身近な存在になりました。電気回路，デジタル技術は，オーディオ機器の音質と利便性を向上させ，さらなる臨場感の向上が期待できる状況を作り出しました。携帯型プレーヤの普及，インターネットによる音楽配信の広まりは，音楽と人間の関係をますます緊密なものにしました。

　本章では，各種オーディオ機器の原理と歴史を解説し，オーディオ機器の進歩と音楽文化との関わりについて考察します。

5.1 レコード：音楽を記録・再生する 初のメディア

　音を記録して音波を見えるようにした装置としては，レオン・スコットのフォノトグラフ（1857年）などがありました。しかし，当時の人はその音を聞くことはできませんでした（後に，その音が再現されることになるのですが）。「音を記録して，それを再生して音を出す」ところまで実現した製品は，トーマス・エジソンが1877年に完成したフォノグラフが最初でした。 図5-1 にエジソンと彼が発明したフォノグラフを示します。フォノグラフは，円筒に錫箔（のちにワックスに改良）を巻きつけ，空気の振動を縦方向に記録する方式でした。再生するときは再生用の針が錫箔の溝の山谷をなぞって振動し，記録した音を再現するのです。

図5-1 トーマス・エジソンと彼が発明したフォノグラフ

フォノグラフのライバルとして登場するのが，1885年にエミール・ベルリナーが発明した円盤レコードでした。この製品はグラモフォンと名付けられました。 図5-2 にベルリナーとグラモフォンを示します。グラモフォンも，音の振動を溝に記録して再生するという原理はフォノグラフと同一なのですが，記録媒体が円盤であることと，空気の振動を横方向に記録する方式であることがフォノグラフと大きく異なります。

円盤レコードの勝利

両者が販売されてから約40年間は，円筒レコードと円盤レコードが共存し，激しい競争が繰り広げられることになりました。当初は円筒レコード側が優勢でしたが，最終的に勝利したのは円盤レコード側でした。円盤レコード側の方が音楽ソースを充実させていたこと，円盤型の方が量産しやすいことなどが勝利の要因でした。エジソンは蓄音機の発明者としての名声は得ることができましたが，音楽再生メディアとしては円盤方式の方が後世に残りました。ただし，両者とも電気回路を含んでおらず，針の振動を大きく広がったラッパで音を大きくしていました（メガホンで拡声するようなものです）。

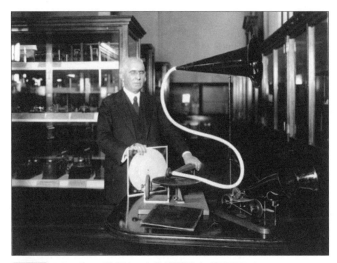

図5-2 エミール・ベルリナーと彼が発明したグラモフォン

電気回路によるオーディオの始まり

1925 年に登場した電気蓄音機（電蓄）は，電気のチカラで信号を増幅しスピーカから再生する今日のオーディオの原型といえるでしょう。電気回路を利用した電蓄は再生音の音量を増大し，音質を高め，オーディオ機器のさらなる普及に貢献しました。まちまちだったレコードの回転数は，1 分あたり 78 回転に統一されました。この規格のレコードは SP と呼ばれていました。SP レコードの普及により，南米のタンゴやアメリカのジャズが世界中で大流行し，多くの国際的なスターを生み出しました。レコードは，ポピュラー音楽の成立に大いに貢献したのです。

1950 年には $33\frac{1}{3}$ 回転（1 分あたり）の LP レコードが登場し，直径 30 cm のもので 30 分の録音が可能となりました。そして後を追うように，直径 17 cm，45 回転（1 分あたり）の EP レコードが登場します。EP レコードの録音時間は 5 分程度でしたが，ポピュラー音楽の担い手として定着していきました。EP レコードの普及が，ポピュラー音楽が 3 分程度で制作される状況を作り出したと言えるでしょう。LP と EP は，サイズや録音時間の違いなどにより，異なる用途に用いられました。ポピュラー音楽では，EP はシングル，LP はアルバムにと使い分けられました。 **図 5-3** に，LP レコードをレコード・プレーヤで再生しているイメージを示します。

図 5-3 LP レコードをレコード・プレーヤで再生しているイメージ

5.2 録音テープ：磁石の性質を使って音を録音・再生する

　録音テープは，録音と再生ができるメディアとして，長らく利用されてきました。ラジオがついた身近な機種のラジカセから，テープ・デッキと呼ばれた本格的なオーディオ機器まで，各種の機器でテープが使われています。録音テープは，テープに塗布された磁性材料の粒子を磁化することによって，音を記録する媒体です。再生するときは，テープから発生する磁力線を電気信号に変換します。

　テープを磁化し，磁化したテープから磁力線を受け取る部分がヘッドと呼ばれています。 図5-4 に示すように，ヘッドは，コアと呼ばれるC字型の金属片にコイルを巻いたもので，コイルに音楽信号を入力すると，コアの隙間に磁力線が生じます。この磁力線をテープの磁性材料に記録するのです。逆に，隙間から磁力線を受け取ると，コイルに電流が流れ，記録した音を再生することができます。

　初期の録音テープは，テープをむき出しのままに巻いたオープンリール・テープでした。そのうち，テープをカートリッジといわれるケースに入れたものが登場し，その1つであるカセット・テープが主流となりました。デジタル・オーディオの時代になってからは，デジタル信号を記録するDAT（Digital Audio Tape）と呼ばれるテープ・メディアも登場しました。 図5-5 に各種テープのイメージを示します。

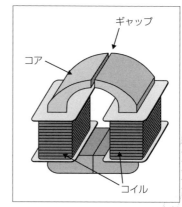

ギャップ

コア

コイル

図5-4 テープ・レコーダのヘッド

テープが音楽文化に及ぼした影響

　自動車のように振動が激しい環境でも使用が可能なことから，テープはカー・オーディオにも利用されていました。レコードは，振動で針が飛んでしまうので，カー・オーディオには向きません。

　テープは，音楽を楽しむメディアとしても広く用いられていましたが，音楽を作る側にも便利なツールとして活用されました。レコードのように溝をカッティングするのに比べて気軽に録音ができるようになったこととともに，録音したあとに切り貼りしたりダビングしたりして編集することも可能になったことで，テープは音楽制作の手法を一変させたメディアでもあります。現代音楽の分野には，テープ音楽と呼ばれるジャンルもありました。多チャンネルのテープ・レコーダが開発されると，マルチトラック・レコーディングと呼ばれる手法でしか作り出せない音楽も多く作り出されました。ポピュラー音楽は，マルチトラック・レコーディングに支えられて発展しました。

　また，テープでの録音が気軽にできるような状況になると，ミュージシャンの卵たちは自分の作った音楽のデモ・テープをレコード会社に持ち込むようになりました。テープのおかげでメジャー・デビューできたミュージシャンも少なくありません。今はほとんど利用されていませんが，テープが音楽文化に及ぼした影響ははかり知れません。

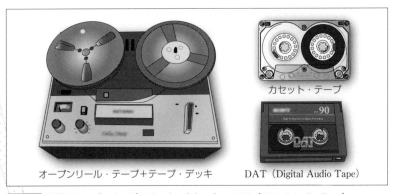

オープンリール・テープ＋テープ・デッキ

カセット・テープ

DAT（Digital Audio Tape）

■図5-5　各種のテープ：オープンリール，カセット，DAT（Digital Audio Tape）

5.3　放送メディアは世界的ヒット曲を生み出した

　レコードの進歩は，世界的な音楽の流行を呼び，ポピュラー音楽の成立に大きな寄与をしました。その一方で，ラジオ放送はさらにポピュラー音楽を広めるのに貢献しました。最初にラジオ放送を始めたのは，1920年にピッツバーグで開局したKDKA局でした。アメリカでは，その後4年で500局におよぶラジオ局が開局しました。

レコード会社とラジオ局はともに発展してきた

　当初，レコード会社は，ラジオの音楽番組が蓄音機やレコードのセールスを阻害するのではと心配しました。しかし，ラジオで繰り返し流れる曲は，聴取者の人気を集め，蓄音機やレコードの売り上げも伸ばしました。ヒット曲はラジオから生まれるようになったのです。

　レコード会社は積極的にレコードを放送局に売り込み，レコード会社とラジオ局はともに発展してきたのです。ただし，高音質なFM放送が始まり，カセット・デッキのような高音質で録音できる装置が普及すると，レコードを買わなくても，ラジオで放送された音楽を録音して（エア・チェックと呼ばれていました）楽しむことも可能になりました。

　その後，テレビの放送が始まり，ケーブル・テレビや衛星放送なども普及し，各種の音楽番組や音楽専門チャンネルも登場し，音楽と放送メディアの結びつきも多様になってきました。さらに，インターネットの普及とブロード・バンド化は，音楽業界や音楽文化にも様々な影響をもたらしています。

5.4 オーディオ機器：さまざまな音楽メディアを再生する装置

　オーディオ機器で音楽を聴くということは，メディアに記録された音の信号を，再生装置を使って元の音楽へと再現することです。オーディオ機器は，一般に，入力系，調整・加工系，増幅系，出力系に分類されます。それぞれが単体の製品で構成されている場合と一体になっている場合とがありますが，基本的にはどちらも同じ原理で動作します。

入力系の機器はさまざま

　入力系の機器としては，CD（コンパクト・ディスク）プレーヤの他，USBメモリやSDカードなどのデジタル・メモリからの読み取り装置，ブルートゥース，携帯型プレーヤ，チューナ（ラジオ），MD（ミニ・ディスク）などがあります。コンピュータも入力系の機器としての機能を備えています。ハードディスク等を利用すると，コンピュータは大容量の音楽データ・ベースとして利用することもできます。他に，カセット・デッキやレコード・プレーヤのようなアナログ方式の再生装置も入力系の機器です。

　入力系の機器においては，それぞれの機器に応じた形式で記録された音の波形が記録されています。音を再生するときには，波の記録を電気信号の形で再現します。音はもともと音圧が時々刻々変化して生ずるので，再現された電気信号の電圧も時々刻々変化しています。

5.5 アンプ：スピーカを鳴らす パワーを供給する

　入力系の機器から供給された電気信号は，アンプ（増幅器）を経て出力系機器のスピーカに伝えられます。その際，最適な信号に加工する役割を果たすのが調整・加工系の機器です。調整・加工系の機器は，独立している場合もありますが，アンプと一体になっていることが一般的です。加工系が一体になっているアンプは，プリメイン・アンプ（図5-6）と呼ばれています。

調整・加工系の機器の役割

　調整・加工系の機器の役割は，オーディオ信号の入力切り替え，音量調整，音質調整，左右のバランス調整などです。

　オーディオ信号の入力切り替えは，聴きたい音楽のソースを選ぶ機能です。スイッチによって，CD プレーヤ，USB メモリ，チューナ，レコード・プレーヤといったメディアを切り替えます。

図5-6 プリメイン・アンプのイメージ

　音量調整は，増幅器に入力する信号のボリュームをコントロールして，聴きたい音量にするためのものです。

　音質調整は，再生信号を好みの音質に調整する装置です。バスとかトレブルとかのつまみがついているのが一般的ですが，イコライザが備わっているものもあります。バスは低域の音量をきめる装置で，一般に右に回すと低音が強調されます。トレブルは高域の音量をきめる装置で，右に回すと高域が強調されます。音楽制作で用いるようなイコライザと呼ばれるエフェクタが付属している場合，変化させたい周波数範囲の音量を自由に制御できます。好みの音質にしたり，部屋の特性に問題があるような場合にその特性を補正したりするために，この装置を利用します。

　左右のバランス調整装置は，左右の音量差をコントロールする装置です。バランスの悪いソースを再生するときとか，中央からかなりずれたところで聴くときとかに，左右のバランスを補正するためにこの装置を利用します。

　ソース・ダイレクトと呼ばれるスイッチを押すと，アンプに入力された信号を最短経路で処理し，スピーカに送ります。このスイッチを入れると，信号が音質調整やバランス調整などの回路などを経由しないため，その回路によるノイズの混入やひずみを避けることができます。ピュアな音質を楽しみたい方におすすめの機能です。

　装置によっては，ラウドネスと呼ばれるスイッチがついているものもあります。このスイッチを入れると，高域と低域が増幅されます。この装置は，音量を下げたとき，低域と高域で聴覚の感度が低くなることを，補正する機能があるのです。

増幅系のアンプの役割

　アンプの本来の機能は，スピーカを鳴らすだけのパワーに音楽信号を増幅することです。私たちが音楽を聴くのはスピーカからですが，各種メディアから再生された電気信号は，スピーカに十分な振動をさせるパワーはありません。記録された音楽信号を，スピーカを鳴らすだけのパワーに増幅する装置がアンプなのです。

5.6 スピーカ：電気信号を音に変換する

オーディオ機器の出力系，最終端がスピーカです。スピーカは，電気信号を音に変えるエネルギー変換器の役割を果たします。私たちがオーディオ機器を通して実際に楽しんでいるのは，スピーカから出てくる音です。

動作原理は電磁石

その動作原理は，電磁石の働きによります。コーンと呼ばれるラッパのような形状をした部分の根元に，ボイス・コイルと呼ばれるコイルが巻き付いています。ボイス・コイルは永久磁石と向き合っています。コイルに電流を流すと磁界が発生し，ボイス・コイルは一種の電磁石になります。ある電流の向きでは，ボイス・コイルと永久磁石が引きつけ合いますが，逆方向に電流が流れると，両者は反発し合います。磁石の原理にしたがって，S極，N極どうしは反発しますが，S極とN極は引きつけ合うのです。

図5-7 に示すように，ボイス・コイルに電気信号を流すと，その電流の流れる方向に依存して電磁石としての極性が変化し，ボイス・コイルは永久磁石と引き合ったり反発したりします。その結果，ボイス・コイルは振動し，ボイス・コイルと一体となっているコーンも振動します。コーンの振動がまわりの空気の振動を誘発して，入力信号に応じた音が発生するのです。

スピーカを組み合わせる理由

一般にスピーカは，単体では，人間の可聴域にわたる広い周波数範囲

の音を再生することが困難です。スピーカの大きさに応じて得意とする周波数帯域があるのです。そこで，得意とする周波数帯域が異なるスピーカを組み合わせて，広い周波数範囲の音を再生可能なスピーカ・ユニットが利用されています。

図5-8 に示す3つのスピーカからなる3ウェイ・スピーカ・ユニットの場合，一番小さくて高域を受け持つスピーカはトゥィータ，中ぐらいの大きさで中音を受け持つスピーカはスコーカ，最も大きく低音を受け持つスピーカはウーファと呼ばれています。低域の音を効率よく発生させるためには，振動板の面積を広くする必要があるのです。図5-9 にトゥィータ，スコーカ，ウーファが受け持つ周波数帯域を示します。各スピーカの担当周波数の境目をクロスオーバー周波数といい，その周辺の周波数帯域では2つのスピーカの担当領域が重複しています。

箱に詰めて不要な音の干渉を防ぐ

スピーカはそのままむき出しで使われることはありません。多くは，エンクロージャと呼ばれる箱に取り付けられています。スピーカが振動すると，その前方と後方に音が伝わっていきます。そして，前方に伝わる音と，後方に伝わる音は逆位相になります。後方の音が曲がって前方に伝わると，前方と後方の音が打ち消しあってしまうことになります。こういったことを防ぐために，スピーカを箱に詰めて不要な音の干渉を防ぐのです。

完全に密閉したタイプのスピーカ・ユニットを密閉型，穴が開いているタイプをバスレフ型といいます。バスレフ型では，スピーカ後方から伝達される音を，経路差をつけて干渉して消えないように（逆位相にならないように）して前方に出しているのです。両者の特徴は，低域の特性に表れます。図5-10 に示すように，密閉型のスピーカは低域までなだらかに再生するのに対して，バスレフ型はある周波数より低い帯域のレスポンスが急激に低下します。

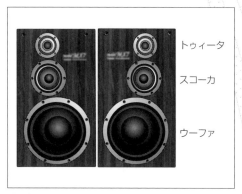

図5-7 スピーカの原理

図5-8 3ウェイ・スピーカ・ユニット

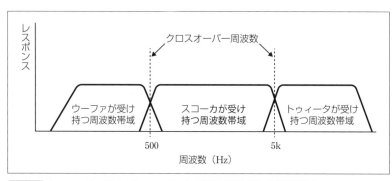

図5-9 トゥィータ，スコーカ，ウーファそれぞれが受け持つ周波数帯域

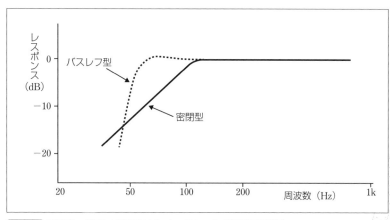

図5-10 密閉型，バスレフ型のスピーカ・ユニットの低域での特性

5.7 ヘッドホンとイヤホン： 自分だけで音楽を楽しむ機器

　携帯型プレーヤを楽しむのに，ヘッドホンまたはイヤホンは欠かせません。通常のオーディオでも，他人の迷惑にならないように音楽を楽しむときには，ヘッドホンやイヤホンを使います。図5-11 と 図5-12 に示すように，ヘッドホン，イヤホンとも様々なタイプのものがあります。

　ヘッドホンもイヤホンも，スピーカと同様に電磁石の原理で動く振動板が備えられていますが，振動のパワーが小さく，耳に隣接しないと十分な音量は得られません。ヘッドホンの場合には耳元の音源部を支えるアーチ状のヘッドバンドがついていますが，イヤホンは耳につける音源部のみです。アーチ部のあるヘッドホンは収納のじゃまになりますが，うまく折りたためるようになったものもあります。

　ヘッドホン，イヤホンともオープンエア・タイプと密閉型があります。密閉型はしっかりと耳を覆い，外部から音が入ってきたり，外部に音が漏れたりしません。オープンエア・タイプでは，外部の音が入ってきたり，少し音が外部に漏れたりします。

　ヘッドホンのうち，ヘッドバンドを頭の上に乗せるオーソドックスなタイプは，ヘッドバンド型あるいはオーバーヘッド型と呼ばれています。装着しやすく，耳に良く密着します。ヘッドバンドが首の後ろ側に位置しているタイプを，ネックバンド型と呼びます。

　イヤホンのうち，インナーイヤー型（イントラコンカ型）は，耳の穴に軽く押し当て，耳介に引っ掛けるタイプのイヤホンです。装着感をよくするために，耳の形状に合うように設計されています。このタイプの中には，ユーザごとの耳型を取って，各ユーザにマッチした形状に仕上げるオーダーメイドの製品もあります。

　カナル型（挿入型）と呼ばれるイヤホンは，耳の穴に差し込んで使用します。装着感をよくするために，挿入部を変えて調整できる製品もあります。このイヤホンでは密閉型が主流なので，外部の騒音に対する遮音性能は良好です。

　耳掛け型（クリップ型）と呼ばれるイヤホンは，クリップを耳（耳介）に引っ掛けるようにしたものです。耳に引っかけて固定するので，サイズは少し大きめになります。

コンデンサ型や外部の騒音を打ち消すタイプもある

　なお，ヘッドホンの中には，コンデンサの原理を利用して，振動板を駆動するタイプのコンデンサ型（静電型）ヘッドホンと呼ばれるタイプもあります。音質が非常によく，繊細な音色を楽しめる高級機です。ただし，専用のアンプを使う必要があるため，屋内での使用に限られます。また，アクティブ・ノイズ・キャンセリング（ANC）と言う，外部の騒音と逆位相の音を発生させて，外部の騒音を打ち消す装置を備えたヘッドホンやイヤホンもあります。この装置があると，騒音がうるさくても，再生音のボリュームを必要以上に上げずに音楽が楽しめます。

図5-11　ヘッドホンのいろいろ

図5-12　イヤホンのいろいろ

5.8 オーディオ機器の音響特性

　オーディオ機器の良し悪しを判断するのは最終的には人間の耳ですが，客観的な指標として，物理的に測定可能な各種の音響特性が利用されています。代表的な音響特性は，ひずみ率，S/N比，ダイナミック・レンジ，周波数特性，過渡特性，位相特性などです。

ひずみ率が大きいと汚い印象の音になる

　「ひずみ」とは，出力信号の波形が入力信号の波形と異なってくることを言います。オーディオ機器の場合に特に問題になるのは，高調波ひずみという，原音にない倍音成分が付加されるひずみです。ひずみを定量化した測定量がひずみ率です。原音のパワーと原音にない成分（ひずみ成分）のパワーの比がひずみ率といわれる指標です。ひずみ率が大きいと，汚い印象の音になります。

S/N比が小さいとノイズが気になる

　S/N比とは，文字通り信号（Signal）と雑音（Noise）のパワー比です。音楽再生を楽しむときには，音楽が信号になります。S/N比が十分に大きいと問題なく音楽を楽しく聴取できますが，S/N比が小さいとノイズが気になったり，ノイズに埋もれてしまったりして音楽が楽しめません。

広いダイナミック・レンジの実現には小さな音の再現も重要

　ダイナミック・レンジというのは，再生できる最も大きな音と最も小さい音のレベル差のことです。広いダイナミック・レンジを実現するためには，フォルテシシモ（fff）の大きな音がひずまなく再現できることが大事ですが，ピアニッシシモ（ppp）の小さな音もノイズに埋もれることなく再現できる必要もあります。

周波数特性的にクセのある再生音は問題

　周波数特性は，どれだけ広い範囲の周波数を再生できるかを表す指標です。また，特性が平坦であれば問題ないのですが，山あり谷ありの周波数特性だと，クセのある音質の再生音になります。また，低域のレスポンスが低下すると痩せた印象になり，高域のレスポンスが低下するとぼやけた印象になります。

過渡特性と位相特性にこだわったスピーカもある

　過渡特性は，鋭い立ち上がりの音の入力に対して，どれだけそれに追従して出力するかの特性です。位相特性は，原音の位相スペクトル特性がどれだけきちんと再現されているかの特性です。従来は過渡特性や位相特性はあまり重視されていませんでしたが，現在では，これらの特性にこだわったスピーカ・ユニットも販売されています。

5.9 音楽メディアに革命をもたらした デジタル技術

　アナログ・レコードやアナログ・テープの時代には，録音とは音の波形をそのまま記録することでした（アナログという言葉は，デジタルが登場して使い始めた言葉で，それ以前は使われることはありませんでした）。デジタル録音では，音の波形を数値に符号化してから記録します。アナログ（analog）信号は変化が連続的で，デジタル（digital）信号は変化が離散的です。変化の段階は，アナログ信号では無限にありますが，デジタル信号では有限です。

アナログ信号とデジタル信号の変換

　音はもともと音圧の連続的な時間変化ですから，アナログ信号です。符号化して数値として記録するためには，デジタル信号に変換しなければなりません。再生するときには，元のアナログ信号に戻します。アナログ信号は，標本化（サンプリング）と量子化の過程を経て，デジタル信号になります。

　標本化（サンプリング）というのは，連続的に時間変化するアナログ信号を， 図5-13 に示すように，微少な時間単位にぶつ切りに（離散化）することです。1秒間に離散化する回数を，サンプリング周波数といいます。CDなどでは，サンプリング周波数は44.1 kHzとなっています。デジタル信号から元のアナログ信号を完全に復元するためには，元のアナログ信号の2倍以上の周波数でサンプリングしなければなりません。そのため，可聴範囲の上限である20 kHzまでを再現するために，少し余裕をもった44.1 kHzをサンプリング周波数に定めたのです。

　量子化というのは，**図5-14** に示すように，標本化されたパルスの大きさを測定し，いくつかの段階の値に変換することです。この過程を経て，無限の段階を有するアナログ信号が，有限の段階しか許されないデジタル信号になります。標本化によって，滑らかな波形がカクカクとした波形になります。標本化の段階が符号化され，信号は数値として記録されます。

　デジタル信号の数値としては，0と1しか存在しない2進数が使われています。デジタル信号の桁数は，ビットという単位で表します。1桁の2進数を1ビット，2桁の2進数を2ビットと呼びます。量子化ビット数は，アナログ信号をデジタル化するときに，どれだけ細かい段階で量子化するのかを表します。ビット数が大きいほど，音質は良くなりま

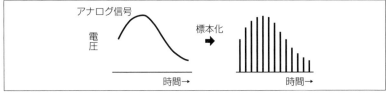

図5-13 サンプリング（標本化）の様子：波形をぶつ切りにする

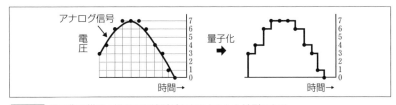

図5-14 量子化の様子：滑らかな波形がカクカクとした波形になる

表5-1 16ビットの2進数と対応する10進数の数字

2進数	10進数
0000000000000000	0
0000000000000001	1
0000000000000010	2
0000000000000011	3
〜	〜
1111111111111111	65535

右側縦書き：
音と聴覚のしくみ（1）
音の物理と心理（2）
音楽のしくみ（3）
音の空間性（4）
オーディオ機器の歴史と原理（5）

す。CD などでは，16 ビットで量子化した信号が記録されています。16 ビットでは，**表5-1** に示すように，10 進法に直すと，2^{16}（2 の 16 乗）＝ 65,536 段階（0 ～ 65,535）の音圧（電圧）の区別が可能となります。

なお，その後開発されたハイレゾ（ハイレゾリューション）音源では，サンプリング周波数を 96 kHz あるいは 192 kHz，量子化ビット数 24 ビットなどとして，より高い周波数，よりきめの細かい波形の再現が可能となっています。ハイレゾ音源では可聴閾の上限である 20 kHz をはるかに越える高い周波数領域まで再生が可能となるのですが，それがどの程度の効果があるのかは疑問の残るところではあります。量子化ビット数の増加はダイナミック・レンジの拡大を意味しますので，量子化ビット数が大きいほど小さな音までの再現が可能となります。また，元のアナログ信号と量子化された信号との電圧の差によって，再生するときに量子化ノイズと呼ばれる雑音が生じますが，量子化ビット数が増えるほど，量子化ノイズは小さくなります。

デジタル・オーディオでは，符号化された 2 進数のデータで音楽を記録しますが，そのままでは音楽を楽しむことはできません。元の音楽の信号に戻すことが必要となります。記録された信号はサンプリング周期（周波数の逆数）ごとの音圧（電圧）のデータなので，符号化される前の階段状の波形までは符号化されたデータから再現できます。

しかし，階段状の波形をそのまま再生すると，元の信号とともに元の信号には含まれない高い周波数成分が発生するのです。この高い周波数成分を，低域通過フィルタ（ローパス・フィルタ：ある周波数以下の信号しか通さないフィルタ）を使って除去することによって，元のアナログの信号が再現されます。ローパス・フィルタによって，階段状のカクカクした波形を元の滑らかな波形に戻すことができるのです。

近年，人間の手による古いもの，古いやり方を「アナログ」，機械化された新しいもの，新しいやり方を「デジタル」という言い方をしますが，アナログ，デジタルの言葉にはそんな意味はありません。あくまでも，連続的か，離散的かの違いのことです。

5.10 CDによって デジタル・オーディオの時代が訪れた

デジタル・オーディオの初めての製品は，1977 年にソニーが発売した PCM-1 という録音再生機でした。PCM-1 は単なるアナログ信号とデジタル信号の変換器で，信号の記録はビデオ・テープで行っていました。1982 年には CD が登場し，本格的なデジタル・オーディオ時代が開始しました。デジタル・オーディオの試みは 1960 年代から始まっていましたが，製品化のネックは記録媒体でした。PCM-1 では，ビデオ・テープを利用していて，使い勝手はあまりよくありませんでした。

CDの席巻

ソニーはフィリップス社の光ディスクの技術に着目し，自社のデジタル技術を組み合わせて，CD を完成させました。CD には，ピットと呼ばれる微少な穴（反対側からみると丘）があり，ピットの有無で 1 と 0 を区別します。符号化された音楽信号は，ピットの有無のパターンで記録します。再生時にはレーザー光線がピットの有無を読み取って，符号を解読した後に音楽を再生します。CD はまたたく間に市場に広がり，1987 年には CD の売り上げがアナログ・ディスクを上回りました。

CD の直径に関して，当初直径 11.5 cm（60 分録音可能）の円盤の予定でしたが，指揮者のカラヤンから「自分が指揮するベートーベンの第 9 交響曲が収録できるように」との助言をうけ，12 cm（74 分録音可能）として規格化されたという話があります（本当かどうかは不明ですが）。

CD は，オーディオ用の読み取り専用メディアとしてスタートしました。その後，コンピュータのデータの記録用にも利用されるようになり，録音と再生がいずれも可能なメディアになりました。

5.11 デジタル化することの利点

　カセット・テープのようなアナログ方式の記録メディアでは，コピーにより信号が変形し，不要なノイズが加わります。その結果，コピーを繰り返せば繰り返すほど音質が劣化することになります。これに対して，デジタル信号では 0 か 1 しか記録していないので，信号がノイズの影響を受けても 0 か 1 のどちらかですから，読み取れさえすれば問題ありません。また，データが欠落したとしても，ある程度の範囲なら復元が可能です。したがって，何度コピーしても音質が劣化することがありません。コピーにより劣化がないことは，デジタル方式にとって最大のメリットです。

ランダム・アクセスが可能

　また，数値で記録する方式なので，記録媒体のどの位置にどの曲が記録されているかのデータも一緒に記録しておくことができます。その結果，ランダム・アクセスが可能となり，どの曲（あるいは楽章）からでも簡単に再生することができるのです。アナログ方式では，任意の楽曲を再生することは，不可能ではありませんが結構手間がかかります。また，デジタル方式に比べると，アクセス場所の精度は格段に劣ります。

モータの回転ムラの影響を受けない

　アナログ方式では，レコードでもテープでも，モータで記録媒体を回転させて信号を再生します。そのために，モータの回転ムラがそのまま再生信号に反映されて，音質が悪くなります。デジタル方式でも，CDなどでは再生にはモータを使います。しかし，実際の信号再生のタイミ

ングは高度な発振精度を持つ水晶発振器によって制御されるので，再生音がモータの回転ムラの影響を受けることはありません。従って，音質が劣化することもありません。駆動部のないデジタル・メモリの場合は，当然回転ムラの影響はありません。いずれの場合においても，デジタル方式は回転ムラの影響を受けることはないのです。

クロストークがない

さらに，アナログ方式の記録メディアでは，隣接した記録信号が互いに影響を及ぼすことがあります。その結果，ステレオの左チャンネルの信号が右チャンネルに，右チャンネルの信号が左チャンネルの信号に入り込み，左右のチャンネル間の分離が悪くなります。このような現象はクロストークと呼ばれますが，デジタル方式では符号として記録するので，メディア上でのクロストークはありません。

違法コピー対策は必要になる

ただし，デジタル方式の利点は，違法コピーなどの問題も生じさせる要因となっています。これに対抗して，違法コピーを防ぐ技術や，コピーしたことがすぐに分かる電子透かしなどと言われる技術も進んでいます。

5.12 1ビット量子化方式 （デルタシグマ変調方式）

　従来のデジタル・オーディオとまったく異なる1ビット量子化方式（デルタシグマ変調方式）と呼ばれるデジタル信号の方式が提案され，その方式を使った製品も発売されています。1ビット量子化方式が生まれて以降，複数のビット数（16ビットなど）で量子化する方式は，マルチビット方式と呼んで区別されるようになりました。

1ビット量子化方式の原理

　1ビット量子化方式では，信号をデジタル化するさいに，信号が0か1のみで量子化します。ただし，非常に高速なサンプリング周波数で量子化します。標準的なスーパー・オーディオCDという方式では，サンプリング周波数は2.8224 MHz（2,822,400 Hz）となっています。

　1ビット量子化方式では，アナログ信号を 図5-15 中の「追跡したい曲線」としたとき，それをデジタル化したデータは 図5-15 中のグリッドをたどる線となります。そして，グリッド上のそれぞれの点が「追跡したい曲線」よりも下にある時に「1」（図中↑で示します），上にあるときに「0」（図中↓で示します）と符号化します。グリッド線は「1」のときに1目盛上昇し，「0」のときに1目盛下降します。そのあと，右に1目盛移動し，次の符号化処理を行います。

　1ビット量子化方式のデジタル信号では，電圧の変化の様相が，符号の密度で表現されることになります。プラス方向への変化が大きければ1が連続し，マイナス方向への変化が大きければ0が連続します。電圧の変化が小さいと，0と1が交互に出現します。こうして符号化された1，0の符号に対して，それぞれプラス，マイナスのパルスに変換し，ロー

パス・フィルタを通せば，もとのアナログ信号が再現できるのです。

高度な技術は必要だが高音質

　1ビット量子化方式では，非常に高速にサンプリングするための高度な技術は必要なのですが，原理が単純な分，デジタル信号の回路構成上のいろいろな問題点が解消されて，高音質での再生が可能になります。

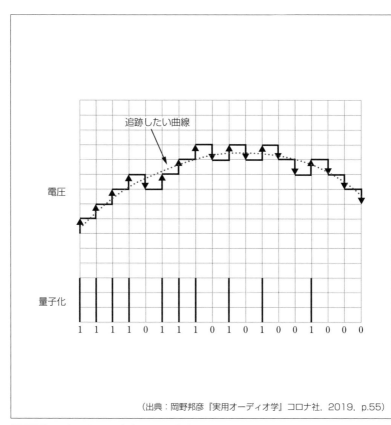

（出典：岡野邦彦『実用オーディオ学』コロナ社，2019，p.55）

図5-15 1ビット量子化（デルタ・シグマ）方式での量子化の様子

5.13 圧縮技術と音楽メディア：音楽を持ち歩く生活

　多くの人たちが，スマートホンや携帯型プレーヤで音楽を楽しんでいます。このような携帯型プレーヤの元祖は，　図5-16　に示す 1979 年に発売されたソニーのウォークマンです。記録媒体としては，カセット・テープを用いています。それ以前にも可搬型のテープ・デッキが発売されていたのですが，かなり大型でした。プレーヤを持ち歩き，町中でもヘッドホンで音楽を楽しむという音楽聴取スタイルを確立したのが，ウォークマンでした。

　ウォークマンの第 1 号機は再生専用で録音機能はついていませんでしたが，後には録音機能がついたウォークマンも販売されています。プレーヤの小型化も進み，カセット・テープの大きさとほぼ同じぐらいにまで達しました。ウォークマンは世界中に広まり，いつでも，どこでも誰にも気兼ねせずに音楽を楽しむという，新しいライフスタイルを生み出しました。

ウォークマン以降の携帯型プレーヤ

　1984 年にソニーは，携帯型 CD プレーヤのディスクマンを発売します。携帯型プレーヤにも，デジタル・オーディオの時代がやってきたのです。携帯型プレーヤをさらに普及させたのが，MD プレーヤを小型化して，1992 年に発売されたポータブル MD プレーヤでした（　図5-17　）。MD では光磁気ディスクという記録媒体が使われ，デジタル方式で音を記録します。光磁気ディスクとは，光を当てたときの反射の様子が磁性によって異なることを利用した記録方式です。MD は，あっという間にカセット・テープに変わる録音・再生メディアとして広まりました。

　MDは，また，オーディオの世界で，最初に圧縮技術を利用したメディアでした。MDで使われているATRACといわれる圧縮方式では，音響情報を5分の1に圧縮することができます。圧縮技術とは，記録された音楽信号のうち，マスキングの影響で人間の聴覚に聞こえない成分を取り除いて情報量を減らし，記録，伝達することを言います。

図5-16 初代ウォークマン：携帯型プレーヤの元祖

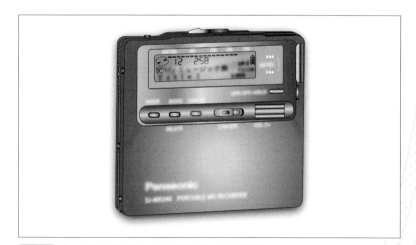

図5-17 ポータブルMDプレーヤ：光磁気ディスクを利用

5.14 携帯型プレーヤは さらに進化を遂げた

　その後，MP3 を代表とする情報量をより強力に圧縮できる方式が開発されて，情報を 10 分の 1 程度まで圧縮できるようになりました。そして，フラッシュ・メモリのような駆動部分のない記録媒体を利用する方式のプレーヤが 1995 年頃から登場します。記録媒体の容量もしだいに増加しました。2001 年にはアップル社の iPod （図5-18）が登場し，携帯型プレーヤが大ブームを引き起こしました。また，同じアップル社が開発した iPhone のようにスマートホンに携帯型プレーヤ機能が備えられた製品も，広く用いられるようになってきました。

大ブームの背景

　携帯型プレーヤの大ブームの背景には，コンピュータが身近な存在になり，USB（Universal Serial Bus）のような利用しやすいインターフェースが一般的になった状況があります。また，インターネットの普及とブロード・バンド化は，音楽配信産業の振興をもたらしました。音楽配信サービスにより，いつでもどこでも新しい音源を手に入れることができるようになったのです。また，音楽聴き放題の定額制サービスも開始されました。その結果，かつて隆盛を誇った CD の売り上げは，減少の一途をたどるようになりました。

携帯型プレーヤが引き起こす問題

　ますます便利で手軽になった携帯型プレーヤですが，使い方を誤ると困った問題を引き起こします。電車やバスの中のようにうるさい状況下で音楽を楽しむ場合，どうしても大きな音で再生しがちです。大きな

音で長時間音楽を聴いていると，聴覚に障害が生じるおそれがあります
（1.21 節参照）。

　さらに，周囲の音が聞こえにくいため，近づいてくる自動車や電車に
気がつかず，接触事故を起こすケースも生じています。歩行者どうしが
ぶつかるケースもありますし，自転車に乗りながらのプレーヤの使用は
もっと危険な事故を引き起こします。相手が，高齢者や小さい子供だと，
大きな被害を引き起こします。自転車に乗りながらの携帯型プレーヤの
使用を禁止した自治体もあります。

図5-18 iPod（初代）：携帯型プレーヤの大ブームを引き起こす

5.15 高臨場感を実現する音楽メディア

　モノフォニック（1チャンネル）の信号をステレオ（2チャンネル）にすることで，音の臨場感が飛躍的に向上しました。ステレオのレコードが登場したのは，1958年のことでした。もっとチャンネルを増やせば，さらに臨場感を高められます。実際に，臨場感を向上させるために，1970年代に4チャンネル・ステレオが製品化されました。しかし，残念ながら4チャンネル・ステレオ方式は定着しませんでした。

　4チャンネル・ステレオのスピーカ配置は，聴取者の前側の左右，後ろ側の左右でした。4チャンネル再生は，それなりに臨場感の向上を実現しました。しかし，一般的な音楽メディアであったアナログ方式のレコードに，4チャンネルの信号を記録することが難しく（特殊な方式で対応しようとしていたのですが），4チャンネルのテープ・レコーダも普及はしていませんでした。また，4チャンネルの機能を生かした音源も不足していて，十分なセールスができなかったのです。

デジタルのおかげで多チャンネルに脚光

　デジタル方式の記録では，容易に多チャンネルに対応することができるようになり，1990年台になって多チャンネルの方式が再び脚光を浴びました。映画ではすでにマルチチャンネル音響が普及していたので，その方式を採用した多チャンネルの再生装置が発売されました。その方式が5.1ch（チャンネル）サラウンド方式で，5チャンネルの広帯域信号と1チャンネルの超低域専用信号が用いられています。「5.1」の「.1」は，超低域専用チャネルを指します。

　5.1ch サラウンド方式では，映画館の方式を踏襲して，図5-19 に示すように，前方には左右以外に中央のスピーカを配置します。映画館では幅広いスクリーンに合わせて左右のスピーカを設置するので，中央からの音が弱い「中抜け」状態になります。その対策として，画面中央にセンター・スピーカを配置したのです。また，左右後部にも，映画館と同様に，2 チャンネルのスピーカを配置します。超低域専用チャネルのスピーカは，通常前側に設置します。

　DVD には 5.1ch サラウンドの音響信号が記録可能で，映画館での音響空間を再現できる仕様となっています（現在の映画館では，もっとチャンネル数の増えた方式も用いられていますが）。テレビのデジタル放送も，5.1ch サラウンドに対応しています。もっとも，映画ソフト以外では 5.1ch サラウンドを十分生かした作品は多くはありません。テレビ放送も，5.1 サラウンド放送は経費がかかることもあり，スポーツ中継以外はそう多くはありません。しかし，将来は 5.1ch サラウンドにふさわしい音作りの方法が確立し，その効果が認められると，5.1ch サラウン

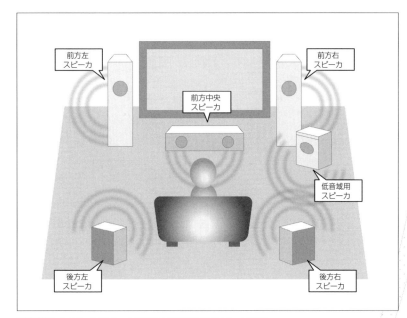

図5-19　5.1 チャンネル・サラウンド方式でのスピーカ配置

ドの音楽ソフトや放送はもっと増えてくるでしょう。

超高臨場感を実現するシステムも登場

　さらに，NHK では，図5-20 に示すようなスピーカ配置の 22.2 チャンネル・サラウンド・ステレオを開発し，超高臨場感再生の可能性を追求しています。このシステムでは，超低域チャンネルをステレオ化するとともに，垂直方向にも複数のスピーカを配置して，より精度よく臨場感を構築しようとしています。こんな装置がそのまま家庭に普及するとは思えませんが，今までに聴いたこともないような感動を提供してくれるかも知れません。4K，8K 放送という高画質のテレビ放送が実現した今日，再生音にも高画質の映像に見合う臨場感が望まれます。

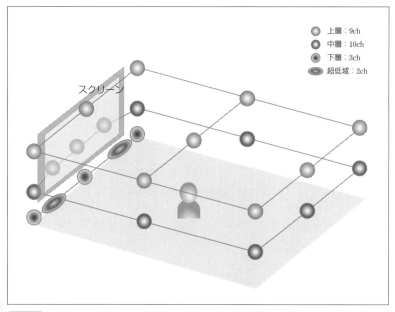

図5-20　22.2 チャンネル・サラウンド方式でのスピーカ配置

5.16　忠実な３次元再生を目指す バイノーラル方式,トランスオーラル方式

　人間にそっくりな人工頭（ダミーヘッド）の耳の部分にマイクロホンを取り付け，ヘッドホンでその信号を聴くと，まるでダミーヘッドの位置で音を聴いているように感じられます。ダミーヘッドが自分にそっくりだと，自分が聴いている状態をそのまま再現したわけですから，よりリアルに音像が感じられます。

ダミーヘッドを用いるバイノーラル録音

　図5-21 に示したようなダミーヘッドに取り付けたマイクで録音する方式が，バイノーラル録音です。この方式だと，一般の録音に比べてはるかにリアルに音場を再現できます。自分そっくりなダミーヘッドを作るには手間がかかりますが，自分自身の耳にマイクをつけて録音することによって同様の録音ができます。

臨場感をスピーカで再現するトランスオーラル方式

　トランスオーラル方式は，バイノーラル録音の臨場感を，スピーカで再現しようという方式です。バイノーラル録音した信号をそのまま２チャンネルのスピーカから再生した場合，左チャンネルから左耳，右チャンネルから右耳に入力する信号はヘッドホン再生時と同様です。このルートだけだと，録音した音場がそのまま再現できます。ところが，スピーカ再生では，図5-22 に示すように，左チャンネルから右耳，右チャンネルから左耳に入力する経路も存在します。これらのクロストーク成分は，元の音場にはなかったもので，音場再現の妨げとなります。

　トランスオーラル方式では，左のスピーカから右の耳，右のスピーカ

から左の耳に至る経路の伝達特性の逆の特性を付加することによって，クロストーク成分を打ち消します。その結果，右チャンネルの信号は右耳のみに，左チャンネルの信号は左耳のみに伝えられ，元音場の再現が可能となります。トランスオーラル方式は，まだ実用的利用が始まったばかりの段階ですが，圧倒的な臨場感が認識されれば，広く利用される可能性はあるでしょう。

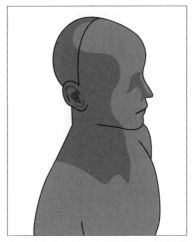

図5-21 バイノーラル録音に用いられるダミーヘッド

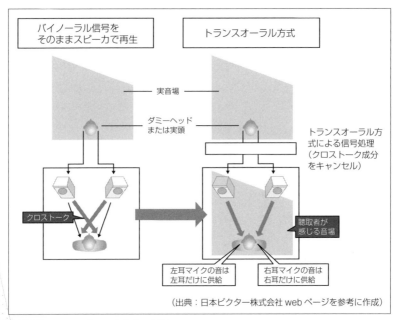

（出典：日本ビクター株式会社 web ページを参考に作成）

図5-22 トランスオーラル方式の原理

第 **6** 章

楽器の分類と
そのしくみ

　音楽演奏音の源は楽器です。楽器には，ギター，
バイオリン，トランペット，フルート，ピアノ，ティ
ンパニなど数え切れないぐらい多くの種類があり，
その音色も多彩です。各種の楽器は，美しいメロ
ディやハーモニーを奏でるために，正確なピッチ
を作り出す工夫が施されています。

　楽器は，音を発生するしくみによって，管楽器，
弦楽器，打楽器といったいくつかのグループに分
類することができます。人間の声も，歌を奏でる
立派な楽器です。建物ごと楽器にしたようなパイ
プ・オルガンのような巨大な楽器も存在します。

　本章では，音楽を作り出す道具としてのさまざ
まな楽器について，そのしくみや特徴を，楽器の
種類ごとに体系的に解説します。

6.1 各種の楽器と音が出るしくみ：楽器の分類とその系統

オーケストラやブラスバンドの演奏風景をみると，音楽を演奏するために多くの楽器が使われていることが実感できます。また，世界には，さまざまなタイプの民族楽器があります。メロディを奏でる華やかな音色を持った楽器，低音部を支える楽器，リズムを刻み続ける楽器など，各楽器はさまざまな役割を担っています。

楽器には，バイオリンやギターのように弦の振動によって鳴る楽器，トランペットやフルートのように吹いて鳴らす楽器，太鼓のように叩いて音を出す楽器などがあり，音を鳴らす原理はさまざまです。また，木でできた楽器，金属でできた楽器など，楽器の素材も多様です。こういったさまざまな楽器に対して，打楽器，木管楽器，金管楽器，撥弦楽器，擦弦楽器，鍵盤楽器，電気楽器，電子楽器などに分類がされています。歌声を奏でる人間の声も，楽器の一種といえるでしょう。

系統的な楽器分類

大規模な楽器収集が行われるようになると，系統的な楽器分類も必要となってきました。楽器博物館などでは，ザックス＝ホルンボステル分類法を基本にした分類が利用されています。この分類方法によると，楽器は，体鳴楽器，膜鳴楽器，弦鳴楽器，気鳴楽器，電鳴楽器に分類されます。

体鳴楽器は，振動する発音源を持っている楽器類のことです。打楽器といわれる楽器のうち，太鼓類以外の楽器は，だいたいこのグループに属します。トライアングル，シンバル，木琴などが体鳴楽器に分類されます。シンバルでは円盤状の金属板，木琴では木片を叩いて振動させて

演奏します。

　膜鳴楽器は，張力をかけてピンと張った膜の振動を利用した楽器類のことです。ティンパニやスネア・ドラムなど，打楽器類のうち太鼓と呼ばれる楽器はこのグループに属します。和太鼓の類も，このグループに分類されます。

　弦鳴楽器は，ピンと張った弦の振動を音源とした楽器類のことです。一般には，弦楽器と呼ばれています。弦鳴楽器には，ギター，ハープ，バイオリンなどがあります。ギター，ハープの場合には弦をはじいて演奏しますが，バイオリンでは弦を擦って演奏します。

　気鳴楽器は，管中の空気の振動を利用した楽器で，フルート，トランペット，クラリネットなど，一般に管楽器と呼ばれている楽器類のことです。トランペットでは唇の振動，クラリネットはリードと呼ばれる木片の振動が発音源になっていますが，フルートは管の共鳴のみが発音源になっています。

　電鳴楽器は，一般に電気楽器，電子楽器と呼ばれる楽器類で，文字通り電気の力を借りて演奏音を作り出します。電気楽器では，エレキギターのように，物理的な発音源を電気の力で加工・増幅します。電子楽器では，電子オルガンのように発音源そのものが電子的に作られています。コンピュータも，音楽制作ソフトウェアを入れれば，電鳴楽器の仲間入りができます。電気楽器，電子楽器，音楽制作ソフトウェアなどに関しては，7章で解説します。

過渡的な音と定常音

　また，楽器を過渡的な音しか出さないタイプと定常音を出すタイプに大別することもあります。過渡的な音しか出さないタイプの楽器では，打つとか，叩くとか，つま弾くとか，一度エネルギーを与えて音が発生したあとは時間とともに演奏音が減衰します。定常音を出すタイプの楽器では，吹くとか，擦るとかしてエネルギーを与え続け，その間は音が鳴り続けます。

6.2 楽器がカバーする音域と音量

　各種の楽器には，それぞれ得意とする音域（ピッチの範囲）があり，いろんな音域の楽器を組み合わせることで豊かなハーモニーを響かせることができます。**図6-1** に，各種の楽器が演奏することができる音域（基本周波数の範囲）を示します。一般に，大きな楽器は低音域を担当し，小さな楽器は高音域を担当します。例えば，弦を擦って演奏するバイオリンの類では，バイオリン，ビオラ，チェロ，コントラバスの順に楽器のサイズは大きくなりますが，音域はこの順番に低くなります。ピアノやパイプ・オルガンは，1つの楽器で広い音域の音を出すことができます。

楽器が出せる音量は決まっている

　楽器には，電気的に増幅しなければ，そのしくみや発生の原理に応じて，発生できる音量が決まってきます。小さい音量しか出ない楽器もあれば，大音量の楽器もあります。**図6-2** に，約3 m離れた地点で測定した，さまざまな楽器が出せる音圧レベルの範囲を示します。ティンパニやバスドラムなどの打楽器類は，大音量で演奏することができます。ピアノやトランペット，チューバといった金管楽器も，かなり大音量です。これらに比べると，ギターやフルートの演奏音の音量は小さめです。人間の歌声も，大音量の楽器類に比べると，小さめの音量です。

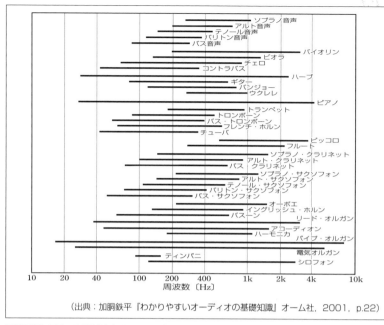

（出典：加胴鉄平『わかりやすいオーディオの基礎知識』オーム社，2001，p.22）

図6-1 各種の楽器が演奏することができる音域（基本周波数の範囲）

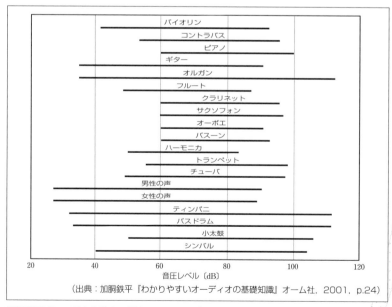

（出典：加胴鉄平『わかりやすいオーディオの基礎知識』オーム社，2001，p.24）

図6-2 約3m離れた地点で測定した，さまざまな楽器が出せる音圧レベルの範囲

6
楽器の分類と
そのしくみ

7
電子楽器から
DTMへ

8
映像メディアに
おける音の役割

9
サウンドスケープ

10
音のデザイン

6.3 打楽器：叩いて音を出す楽器

　音楽には，メロディ，ハーモニー，リズムの3要素があります（第3章参照）。主としてリズムのパートを担当する楽器が，打楽器と呼ばれる楽器類です。

　打楽器の中でも，ドラムと呼ばれる種類のものは，我々になじみのある楽器でしょう。ドラムの類は，柔らかい膜をぴんと張って，何かを打ちつけて音を出します。スネア・ドラムやティンパニなどでは，マレットやスティックなどを使って打ちつけます。ラテン・パーカッションのボンゴやコンガのように，道具を使わず直接手で叩くドラムの類も多くあります。

ドラムからは明確なピッチは感じられない

　図6-3 に示すように，ドラム類の多くで発音体となっているピンと張った円形の膜は，いろんな節（節では，振動せず，動きません）を持った振動をします。各振動形態（振動モード）の＋－は，逆方向の動きを示します（＋側が手前方向なら，一側は奥方向，あるいはその逆）。それぞれの振動形態（振動モード）の周波数比が整数比になっていれば，倍音系列が得られ，明確なピッチが感じられます。しかし，多くのドラムの膜においては，**図6-3** に示す例のように各振動形態の周波数比は整数比にならないので，生じる音からは倍音系列は得られません。そのため，ドラムの音からは，明確なピッチは感じられません。ドラム類はリズムを担当するため，明確なピッチ感があると，メロディや和音と衝突する恐れがあります。ピッチが明瞭でない音の方が好都合なわけです。ただし，ティンパニやタブラ（インドの民族楽器）にように，比較的強

いピッチ感覚を生ずるドラムもあります。

　また，スネア・ドラムは特徴的な構造を持ち，**図6-4** に示すように，裏皮の面に銅線など（スナッピーと呼ばれています）を張っています。スネア・ドラムを叩くと，裏皮が共振して銅線と接触し，バラッというノイズが鳴るようにしているのです。また，スネア・ドラムには，ワイヤー・ブラシで回すように膜をなぞって，ノイズ状の音を出す奏法もあります。フォー・ビート系のジャズでワイヤー・ブラシを使うと，スイングっぽい雰囲気がでます。

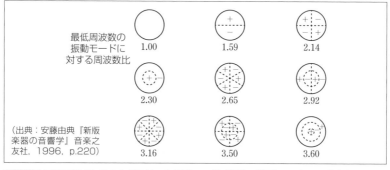

最低周波数の振動モードに対する周波数比

1.00　　1.59　　2.14
2.30　　2.65　　2.92

（出典：安藤由典『新版楽器の音響学』音楽之友社，1996，p.220）

3.16　　3.50　　3.60

図6-3 円形の膜のいろんな節を持った振動モード（振動の様子）：＋と－は逆方向へ動く

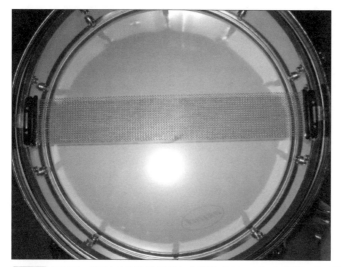

図6-4 スネア・ドラムの裏皮の面に張った銅線（スナッピーと呼ばれている）

209

メロディやハーモニーを担当する打楽器

　打楽器には，金属や木材の断片を叩いて音を出すしくみの楽器も多く存在します。鉄琴（グロッケンシュピール）（**図6-5**），マリンバ，木琴（シロホン）などです。これらの楽器は，調律打楽器ともいわれ，ピッチもはっきりしているので，メロディやハーモニーを担当します。

　これらの楽器では，マレットと呼ばれる棒で発音体を叩いて音を出します。複数のマレットを使って，和音も利用して豊かな音楽を奏でることができます。発音体は大きさの順番に並んでいますが，大きなものは低音部，小さなものは高音部を担当します。調律打楽器の成分音の周波数は，倍音関係に近い周波数ですが，厳密には倍音関係から少しずれています。やはり，発音体の振動形態（振動モード）の周波数比が整数比から少しずれているからです。

図6-5 鉄琴：調律打楽器の一例

6.4 木管楽器のなかま： 吹いて音を出す楽器のいろいろ

木管楽器と呼ばれる楽器では，人間の息を吹きかけて，細長い管で共鳴させて音を発生させます。同じ木管楽器でも，発生原理の違いによって，エア・リード楽器とリード楽器に分類されます。エア・リード楽器は，管の共鳴のみを使ってメロディを奏でる楽器です。リード楽器では，リード（材料の葦を意味します）の振動を利用します。なお，木管という名前がついていますが，管は木でできているとは限りません。フルートやサクソフォンは，金属製ですが，発音原理から木管楽器に分類されています。次節からは，エア・リード楽器とリード楽器について解説していきます。

管の長さとピッチの関係

管楽器のピッチ（基本周波数）は，管の共鳴周波数に一致します。管の共鳴周波数は，管の長さに反比例します。管の長さを半分にするとピッチはオクターブ，$\frac{2}{3}$ 倍にすると完全 5 度，$\frac{3}{4}$ 倍にすると完全 4 度上昇します。

このような対応関係があるため，木管楽器の長さは，演奏できる音域が高いほど短くなります。フルートとピッコロはともにエア・リード楽器で同じ発音原理の楽器ですが，フルートの長さが 65 cm 程度であるのに対してピッコロの長さはその半分程度です。そして，ピッコロはフルートの 1 オクターブ程度上の音域をカバーしています。

6.5 管の共鳴でメロディを奏でる エア・リード楽器

　エア・リード楽器には，フルートのように楽器を横向きに構えて演奏する横笛と，リコーダのように縦向きに構える縦笛があります。いずれも，人間の吹き付ける息による空気の流れが管の共鳴をもたらすことによって音がでます。尺八やオカリナもエア・リード楽器の仲間です。

　エア・リード楽器には，■図6-6■に示すような息の流れの先にエッジと呼ばれるとんがった部分があり，空気がエッジに吹き付けられて，ジェットと呼ばれる空気の流れが発生します。ジェットは，気流に伴う渦や乱れにより生じたノイズから楽器の管内の共鳴により発生した共鳴波によって，周期的に上下に振られます。そして，ジェットと共鳴波が圧力変化を強め合って，安定した演奏音が生まれるのです。

　リコーダでは，吹き口の狭い通気口を通る息の流れが，そのままエッジに当たることで，容易に音が出せます。一方，フルートや尺八などでは，自分の唇で息の流れを適切にエッジの方へコントロールしなければうまく音が出ません。

　■図6-7■に，エア・リード楽器の例として，フルート，尺八，パンパイプのイメージを示します。エア・リード楽器の中には，パンパイプのようにたくさんの管を備えて，それぞれの管に異なるピッチを割り当てるものもあります。フルート，リコーダ，尺八などでは，一本の管に穴をいくつか開けて，それをふさいだり開けたりして管の実質的な長さを変え，共鳴周波数を変化させてピッチをコントロールします。エア・リード楽器の共鳴器は，開管とみなしうるもので，スペクトルは倍音構造を示します（1.9節参照）。ただし，一般に倍音数は少なく，波形は純音に近いものとなります。

6
楽器の分類と
そのしくみ

7
電子楽器から
DTMへ

8
映像メディアに
おける音の役割

9
サウンドスケープ

10
音のデザイン

構造がシンプルな昔ながらの尺八

　現在の金属製のフルートの原型は，1847 年にテオバルト・ベームが
完成させたものです。演奏がしやすいように，半音間隔に開けた大きな
穴をキー操作でふさぐ構造になっています。穴を直接指でふさいで演奏
していた頃の木製のフルートに比べると，豊かな音量と均質な音質，正
確な音程を実現しています。フルートに比べると，尺八は現代でも昔な
がらのシンプルな構造で，竹でできています。構造がシンプルで人間の
手で直接コントロールするため，豊かな表現力を持ち，スピリチュアル
な雰囲気が漂う演奏ができます。

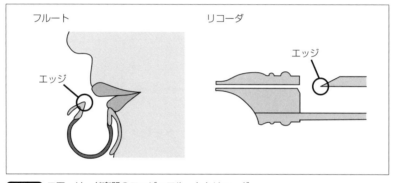

図6-6　エア・リード楽器のエッジ：フルートとリコーダ

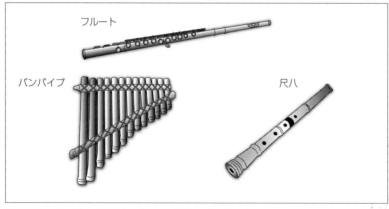

図6-7　エア・リード楽器のフルート，尺八，パンパイプ

6.6 リードの振動で音を発生させる リード楽器

木管楽器と呼ばれている楽器のうち，クラリネット，オーボエといった楽器は，リードと呼ばれる木片を震わせて音を発生させます。リード楽器に息を吹き込むと，リードの振動によって吹き口が開閉し，圧力変化（音）が生ずるのです。

図6-8 に示すように，クラリネットやサクソフォンなどは，1枚のリードを振動させるしくみになっていて，シングル・リード楽器と呼ばれています。オーボエ，ファゴット，バスーンなどは，リードを2枚組み合わせて振動させるので，ダブル・リード楽器と呼ばれています。リード楽器という呼称は，これらの総称です。

図6-9 に，リード楽器の例として，クラリネットとオーボエを示します。いずれのリード楽器も，管の共鳴によってリードの振動周波数がコントロールされ，ピッチが決まります。リード楽器でも，穴の開閉により管の実質的な長さを変えて，ピッチをコントロールします。

クラリネットの共鳴器（管）は，一方を口でふさぐので，閉管の円筒とみなせます。そのため，共鳴する最低周波数が開管の場合より1オクターブ低く，共鳴周波数が奇数次倍音のみとなります（1.9節参照）。実際には開口部のベルの影響で若干の偶数次倍音も生じるのですが，クラリネットの演奏音からは奇数次倍音が優勢な周波数スペクトル形状が観測されます。オーボエやサクソフォンも構造的には閉管ですが，共鳴器が円錐形をしているため，偶数次倍音でも共鳴します。

ダブル・リード楽器のオーボエやバスーンの演奏音のスペクトル形状には山谷があり，母音のホルマントのようなスペクトル形状になります（図2-16 参照）。このような特徴をもつのは，ダブル・リードの振動波

6
楽器の分類と
そのしくみ

7
電子楽器から
DTMへ

8
映像メディアに
おける音の役割

9
サウンドスケープ

10
音のデザイン

形がパルス状になるためです。

アコーディオンやハーモニカはフリー・リード楽器

　フリー・リードとは，金属などの薄く細い板（リード）を枠に固定し，これに風（息の場合もある）を当てて，板を振動させて音を出す装置のことです。この装置を利用してメロディを奏でる楽器を，フリー・リード楽器といいます。リードには，その形状に応じた固有の発振周波数があり，その周波数がピッチを決めます。フリー・リード楽器には，アコーディオン，ハーモニカ，笙などがあります。中国の笙がその起源といわれています。

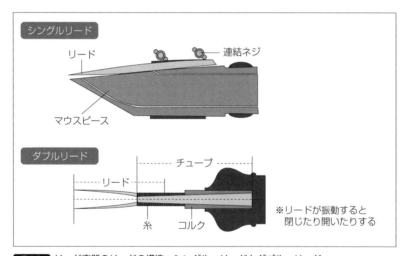

図6-8 リード楽器のリードの構造：シングル・リードとダブル・リード

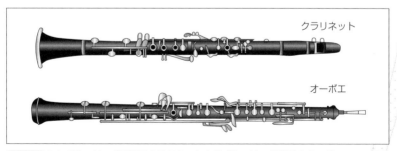

図6-9 シングル・リード楽器のクラリネットとダブル・リード楽器のオーボエ

6.7　金管楽器のなかま：きらびやかな ファンファーレの秘密

　金管楽器は，いずれもロートのような形をしたマウス・ピース内の唇の振動が発音源となっています。そのため，リップ・リード楽器ともいわれます。図6-10 に金管楽器の一般的な構造の概略を示します。トランペット，トロンボーン，ホルン，チューバなどが金管楽器の仲間です。図6-11 にその代表として，トランペットとトロンボーンのイメージを示します。ラッパといわれる楽器類も，金管楽器です。

　唇の振動は，自由にコントロールできるので，マウス・ピースのみで演奏する場合，どんなピッチの音でも出せます。しかし，マウス・ピースを楽器本体に取り付けた状態では，管の共鳴周波数がピッチを決めます。

　金管楽器の管は一般的には曲がりくねっていますが，全体の管の長さで共鳴周波数が決まります。見た目で分かりやすい例が，トロンボーンでしょう。トロンボーンでは，演奏者がスライドを突き出したり，引っ込めたりして管長を変えています。管の長さを短くすると，共鳴周波数が上昇し，高いピッチの音が出ます。

　トランペットなどでは，ピストン・バルブを押すことで，管長が変化するしくみになっています。完全5度上の音，オクターブ上の音は，同じ管長（トランペットなどでは同じバルブの押さえ方）で，演奏者の唇のコントロールによって吹き分けます。

　昔のナチュラル・トランペットでは，ピストン・バルブがなく，一本の管のような構造で，出せるピッチも倍音系列の周波数に相当する音に限られていました。そのため，高音域でのみ音階の演奏が可能でした。その限られた高音域の倍音を有効に利用した名曲が，バロック時代中心

に生まれました。ヨハン・セバスチャン・バッハは，トランペットの高音域を駆使した作品を多く書いたことで有名です。

金管楽器におけるベルの役割

金管楽器類は，すべてベルとよばれる朝顔の花のような開口部を持っています。ベルがなければ，金管楽器は，クラリネットのような閉管の構造なので，奇数次倍音しか生じません。ベルの存在により，すべての整数次倍音が生じます。また，ベルには，高音域を強調する効果もあります。

金管楽器類では，吹き方の強弱で，倍音の含まれ具合が大きく変わります。強く吹いたときに，音が大きくなるだけではなく，倍音が豊かになり，輝かしい音色になります。金管楽器の強奏時の輝かしい音色は，マウス・ピースとベルの働きによるものです。

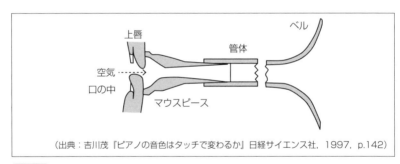

（出典：吉川茂『ピアノの音色はタッチで変わるか』日経サイエンス社，1997, p.142）

図6-10 金管楽器の一般的な構造

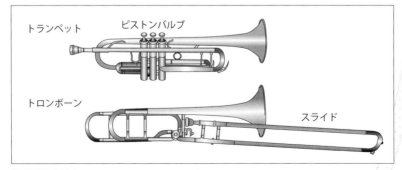

図6-11 金管楽器のトランペットとトロンボーン

6.8 弦楽器のなかま：
弦の振動がメロディを奏でる

　弦楽器には，弦をはじいて音を出す撥弦楽器と，弓で弦を擦って音を出す擦弦楽器，弦を叩いて演奏する打弦楽器があります。いずれも，弦の長さを変えて，ピッチをコントロールします。また，響板の振動を利用することにより，音量を増大させます。

　弦楽器は，弦の張り具合を調節して調律します。弦を強く張れば，ピッチは高くなり，ゆるめれば低くなります。また，重い弦ほど低い音が出るので，低音用には太い弦，高音用には細い弦が使われています。

　弦楽器においては，開放弦以外のピッチの音を出すには，弦を押さえて振動する弦の長さを変化させて，ピッチをコントロールします。弦の長さと周波数には反比例の関係があり，弦の長さを半分にするとピッチはオクターブ，$\frac{2}{3}$ 倍にすると完全 5 度，$\frac{3}{4}$ 倍にすると完全 4 度上昇します。ギターなどの楽器にはフレットがあり，フレットの位置で弦の長さが決まるので，簡単に音階に合う音が出せます。西洋音楽の弦楽器では，フレット 1 つが半音分のピッチの変化と対応します。バイオリンや三味線も弦楽器ですが，フレットはありません。フレットのない弦楽器で正確なピッチで演奏するためには，訓練が必要です。

弦が振動するときの周波数（倍音）

　弦の振動の周波数は，弦の両端が固定されていますから，最も周波数の低い振動は中央に腹が 1 つの振動です。さらに，同時に，腹が 2 つ，3 つといった振動も発生しています。このような振動の周波数は，最も低い振動周波数の整数倍（2 倍，3 倍…）になりますから，弦から発生する音は，倍音成分で構成され，明確なピッチが生じます（1.8 節参照）。

6.9 撥弦楽器では弦を弾いて音を出す

　ギター，マンドリン，三味線などの撥弦楽器では，弦をはじいて音を出します。形状は異なりますが，ハープや箏（琴）も撥弦楽器の仲間です。撥弦楽器の代表例として **図6-12** にギター，箏，三味線を示します。撥弦楽器では，弦をはじいただけでは，十分な音量は得られません。弦の振動を響板に伝え，響板の振動を利用することにより，音量を増大させます。

　響板は音を大きくはしてくれますが，響板の振動はエネルギーを大量に消費するため，音が持続する時間は短くなります。そのため，**図6-13** に示すように，撥弦楽器の音は急激に立ち上がった後（この図はギターの例），定常状態になることなく減衰します。このような特性が，撥弦楽器（および打弦楽器）特有の音色を作り出しているのです。

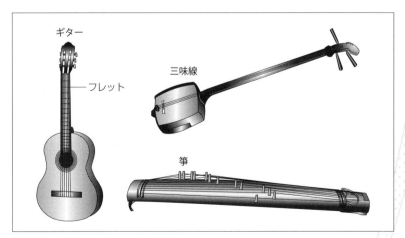

図6-12 撥弦楽器のギター，箏，三味線

　ギターには 6 つの弦があり，左手で同時に複数の弦を押さえつつ，右手ですべての弦を弾くことができるので，和音（コード）の演奏ができます。コードを刻む奏法を用いると，リズム楽器としても，使えます。ギターは，「小さなオーケストラ」とも評されるその豊かな表現力を活かして，独奏楽器としても，伴奏楽器としても，縦横無尽に活躍しています。

　ギターを弾くとき，弦をフレットから浮かせた状態でも，弦の中央を軽く押さえてつま弾くと，その弦のピッチより 1 オクターブ上の澄んだ音が出せます。指で押さえて基本音の振動の腹を抑制することにより，ここを節とする第 2 倍音，第 4 倍音などの偶数次の振動のみが可能となり，1 オクターブ上の音が聞こえるのです。弦の長さを $\frac{2}{3}$ にする場所でも，同様に完全 5 度上の澄んだ音が出せます。このような奏法は，ハーモニックス奏法といわれ，演奏テクニックとして利用されています。

定常音が出ない弱点を補う奏法

　マンドリンには，8 つの弦が張られていますが，2 本ずつがペアとなって同じピッチに調律されています。調律は，バイオリンと同じで，G, D, A, E となっています。マンドリンでは，1 対の弦に対して，ピック（弦をはじく道具）を上下させるトレモロ奏法を多用して，定常音の出ない撥弦楽器の弱点を補っています。

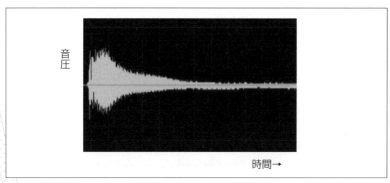

音圧

時間→

図6-13 ギターの演奏音の波形：急激に立ち上がった後，定常状態になることなく減衰する

6
楽器の分類と
そのしくみ

7
電子楽器から
DTMへ

8
映像メディアに
おける音の役割

9
サウンドスケープ

10 音のデザイン

6.10 擦弦楽器では 弦を擦って音を出す

　擦弦楽器では，弦を弓で擦って音を発生させます。弓で弦を擦り続けると，弓は弦に引っかかってはすばやく滑るというスティック・スリップ運動をして弦にエネルギーを伝え，弦を振動させるのです。擦弦楽器では，弓で擦っている間は，とぎれずに定常的に音を出すことができます。スティック・スリップ運動によって生じる弦の振動の波形は，**図6-14** に示すように，ノコギリの歯のような形になります。**図6-14** に示す波の最初の右上がりの時間では弦が弓に引っかかっていて，弦は弓と同じ方向に動きます（スティック運動）。そのあとの右下がりの時間では弦は弓から外れて，弦は弓と反対方向に動きます（スリップ運動）。弓で弦を擦り続けている間は，弦はこの振動を繰り返します。

　西洋音楽の擦弦楽器としては，バイオリン，ビオラ，チェロ，コントラバスが一般的で，これら4つの楽器はオーケストラにも使われていま

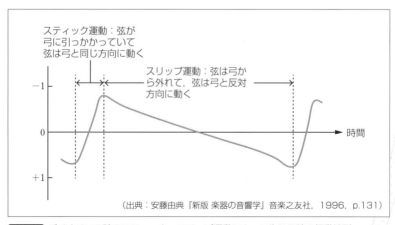

（出典：安藤由典『新版 楽器の音響学』音楽之友社，1996，p.131）

図6-14 バイオリンの弦のスティック・スリップ運動によって生じる弦の振動波形

す。中国の胡弓も擦弦楽器の仲間です。低域の音域を担当する楽器ほど，弦の長さが長く，サイズも大きくなります。バイオリンの場合，4つの弦をG，D，A，Eと，完全5度間隔に調律します。ビオラはバイオリンより完全5度下のC，G，D，A，チェロは各弦ともビオラのオクターブ下に調律します。いずれも隣り合う弦間は完全5度間隔の音程です。これらに対して，コントラバスは，ギターの低域4弦のオクターブ下のE，A，D，Gと，完全4度間隔で調律します。これは，コントラバスのみが，ビオラ・ダ・ガンバという古楽器の流れをくむからです。ビオラ，チェロは，純粋にバイオリン属です。コントラバスは，ジャズなどでは，弓を使わず，撥弦楽器として利用されます。

　擦っただけの弦の音は貧弱なので，胴体をつけてその音を補強します。撥弦楽器と同様に，弦の振動が胴体に伝えられ，胴体の表面が振動してそこから豊かな音量の音が放出されます。バイオリンなどの胴体内部につけられている魂柱は，表板と裏板を接合させる役割をしていますが，振動の支点となっています。また，バイオリンの表板と裏板では，共振周波数が少しずれています。そのずれが半音から2半音であると，音色が良いといいます。これよりもずれが小さくても大きくても，音色が「粗い」「鼻にかかった」「不揃い」など，悪い印象になります。

　バイオリンなどの擦弦楽器は，図6-14 のようなノコギリの歯のような波形をしているので，豊富な倍音を含みます。また，弓の当てる位置によって，倍音の含まれ具合をコントロールできます。演奏家も，このことを利用して，演奏音の表情づけを行っています。旋律を目立たせたいときには，駒の近くを弾き，倍音の豊かな音を用います。ハーモニーの一部を担う柔らかい音が欲しいときには，倍音を抑え気味にするために，駒から離れた部分を弾きます。

バイオリンとビオラ・ダ・ガンバ

　擦弦楽器のピッチも弦を押さえてコントロールしますが，バイオリン等はフレットがなく，正しいピッチを演奏するためには訓練を要します。擦弦楽器の中にも，ビオラ・ダ・ガンバのようにフレットを持ったもの

も存在するのですが，「古楽器による演奏会」などの特殊な場合を除き，現在ではほとんど使われていません。図6-15 にバイオリンとビオラ・ダ・ガンバのイメージを示します。

　歴史的には，ビオラ・ダ・ガンバの方がバイオリンよりも古く，16世紀初めに誕生しました。バイオリンの登場は，それから50年ほど遅れてからです。ビオラ・ダ・ガンバは，小さな音量しか出せないのですが，演奏しやすく，優雅な音色を奏でることができたので，王侯貴族には重宝されていました。一方，ストラディバリらによる改良もあり，バイオリンは美しい音色を保ちながら大きな音も出る楽器に進化しました。そのため，一般大衆を聴衆とする演奏会において，プロフェッショナルな音楽家に広く用いられるようになりました。演奏会では，タルティーニやパガニーニといったバイオリンの演奏家が，超絶技巧で聴衆を魅了しました。

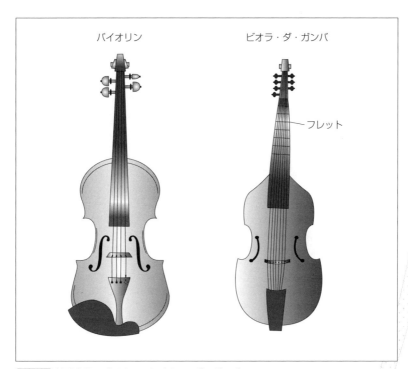

図6-15 擦弦楽器のバイオリンとビオラ・ダ・ガンバ

6
楽器の分類と
そのしくみ

7
電子楽器から
DTMへ

8
映像メディアに
おける音の役割

9
サウンドスケープ

10
音のデザイン

6.11 弦を叩いて演奏する打弦楽器

　弦を叩いて音を出す楽器も存在します。ハンマー・ダルシマーが有名ですが，イランのサントゥール，タイのラナートなどの類似の楽器が世界各地に存在します。図6-16 にハンマー・ダルシマーの演奏風景を示します。この種の楽器では，音階すべてのピッチの弦を張っておいて，バチやハンマーなどで弦を叩いて演奏をします。

　このようなしくみの楽器は，打弦楽器と呼ばれています。打弦楽器のしくみを利用して，弦を叩く過程を鍵盤でコントロールすることによって，ピアノやクラビコードといった鍵盤楽器が誕生しました。

図6-16 打弦楽器のハンマー・ダルシマーの演奏風景

6.12 鍵盤楽器のなかま：高度な音楽を奏でる工夫

鍵盤楽器は，鍵盤を押すことによって演奏する楽器ですが，発音源はさまざまです。鍵盤楽器では，各鍵盤が別々のピッチを奏でることができるため，10本の指（足を入れたら12本）を利用して多彩な音楽を奏でることができます。

鍵盤楽器では，鍵盤（キーボード）を使って，発生する音を決めます。その結果，一人で複数の声部を同時に発生でき，高度な音楽性を持つ作品を一人で演奏することが可能となりました。

電子楽器にも採用される鍵盤のしくみ

弦の振動を利用して音を発生させる鍵盤楽器としては，チェンバロやピアノがあります。管の共鳴やリードの振動を利用して音を発生させる鍵盤楽器としては，オルガンや鍵盤式アコーディオンがあります。

多くの電子楽器，シンセサイザ類でも，演奏方法は鍵盤楽器と同じ方式を採用しています。そのため，新たな楽器が登場しても，鍵盤楽器の経験があれば，簡単に演奏することができます。

ユニークな鍵盤楽器

鍵盤の操作でピッチを正確にコントロールできる利点を活かしたユニークな鍵盤楽器もあります。日本発祥の大正琴は，弦の振動を利用した鍵盤楽器ですが，左手で鍵盤を押さえてピッチを変えながら右手に持ったピックで弦を弾く楽器です。ヨーロッパには，円板を回してバイオリンのように弦を擦って音を出しながら，鍵盤でピッチを変えるハーディ・ガーディという鍵盤楽器もあります。

6.13　多彩な表現力を備えた鍵盤楽器の王者ピアノ

　弦の振動を利用した最古の鍵盤楽器は，クラビコードであるといわれていますが，鍵盤楽器として最も代表的な楽器はピアノでしょう。現在のピアノの原型は，17世紀にイタリアのバルトロメオ・クリストフォリによって制作されました。その後，さまざまな改良が加えられ，現在のピアノに至っています。

多彩な表現を可能にする機構

　図6-17 に示すように，ピアノの鍵盤に取り付けられているアクションと呼ばれる機構は，鍵盤を押し下げる動きを，ハンマーが弦を叩く動きに変換します。力を込めて鍵盤を押し下げ，ハンマーの速度を上げると，大きな音が出ます。鍵盤をゆっくりと押し下げれば，小さな音が出ます。この機構により，指ごとに音の大小がコントロールできるため，伴奏に対してメロディを目立たせるといったテクニックも可能となります。鍵盤を押さないときには，弦はフェルトで押さえられていて，よけいな音が発生しないしくみになっています。しかし，鍵盤を押すと，ハンマーの動きに合わせて，フェルトが弦から離れ，打音の余韻を響かせるようになっています。また，ハンマーが2度打ちしないとともにトリル奏法などが可能なように，打弦のあと，ハンマーは直ちに元の位置に戻ります。

　それまでの鍵盤楽器にない広いダイナミック・レンジ（大きな音と小さい音の強度差）を備え，ピアノもフォルテも表現できたのでピアノフォルテといわれたのが，ピアノの語源です。音域も次第に拡大し，多くの作曲家がピアノの表現力を活かして，数々の名曲を生み出しました。19

世紀ロマン派の時代は，ショパン，シューマン，リストなど著名な作曲家がピアノの名曲を生み出し，ピアノの時代であったといわれています。彼らが活躍した時代は，楽器の進化と音楽の発展が相乗効果をもたらした時代でした。

図6-18 はグランドピアノの蓋を開けて高い音域の弦を見たところです。現代のピアノには，白鍵，黒鍵合わせて 88 鍵あり，音域は 7 オクター

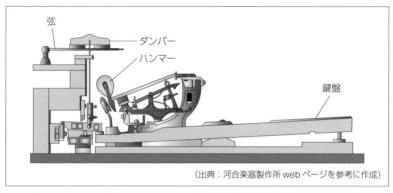

（出典：河合楽器製作所 web ページを参考に作成）

図6-17 ピアノ（グランドピアノ）のアクション機構

図6-18 グランドピアノの内部

ブを越えます。低音域では1つの鍵盤に対して1本の弦，それより少し高い音域では2本の弦，さらに高い音域では3本の弦が響板に固定され，各音域間の音量のバランスがとられています。

　ピアノは，ダイナミックな演奏音を作り出すためさまざまな工夫がされています。その工夫が，本来意図した以外の音響的影響をもたらしました。その偶発的効果が，ピアノらしさを生み出しています。

　ピアノは，ハンマーで弦を叩くため，鋭く音が立ち上がり，長い余韻を伴います。この時間特性がピアノ音の特徴であることは，ピアノ音を逆に再生することにより体験できます。ピアノとは似ても似つかない，オルガンのような音色になってしまいます。

　ピアノの弦は，その太さが一般の弦楽器に比べてかなり太く，低域の弦ではその太さは顕著です。弦は細いと，その振動は，倍音構造を示します。しかし，弦が太くなると，弦というより棒の性質を帯びてきます。そして，棒の振動周波数は，倍音関係にはなりません。従って，ピアノの成分音は，倍音の周波数から少しずれています。さらに，ピアノの弦では，弦に沿った方向の振動から発生する成分音の影響もあります。これらの成分音の特徴も，ピアノらしさを生み出す一つの要因になっています。

　さらに，最低音域以外では，1つの鍵盤に複数の弦が対応します。これらは，基本的には，同じピッチを出すように調律されています。しかし，厳密には，完全に同じ周波数には合いません。この微妙なずれが，やはりピアノらしさに貢献しているのです。

調子はずれの魅力

　ピアノの調律をしないで放っておくと，各弦のピッチはずれて，複数弦の音域では耳につくうなりを生じます。こうなってくると，普通は使い物になりません。ところが，不思議なもので，この調子はずれのピアノの魅力（？）を生かした音楽ジャンルがあります。ホンキートンク・ピアノと呼ばれるジャンルです。昔のアメリカの酒場に置かれた，調律などしたことのないピアノで演奏された音楽がそのルーツです。

6

楽器の分類と
そのしくみ

7

電子楽器から
DTMへ

8

映像メディアに
おける音の役割

9

サウンドスケープ

10

音のデザイン

6.14 オーケストラに匹敵する 多彩な音色を備えたパイプ・オルガン

　本格的なパイプ・オルガンを目にして，巨大なサイズと数え切れない
ほどのパイプの数に圧倒された方も多いでしょう。この種のパイプ・オ
ルガンは建物に備え付けられたものなので（**図6-19**），コンサートホー
ルや教会そのものが楽器であるといえるでしょう。

図6-19 コンサート・ホールに備えつけられたパイプオルガン

多様なパイプの組み合わせで多彩な表現ができる

　パイプ・オルガンも鍵盤を使って演奏しますが，発音源としてはパイプ（管）の共鳴を利用しています。パイプ・オルガンの各パイプは1つのピッチしか出しませんが，それぞれが木管楽器なのです。パイプには，エア・リード楽器の原理で鳴るもの（フルー・パイプ）と，リード楽器として鳴るもの（リード・パイプ）があります。これらのパイプを鳴らすためには風を吹き込む必要があります。昔は手動で風を送り込んでいましたが，今は送風機を利用しています。

　また，両方が開いているパイプ（オープン・ダイアペイソン）と片方が閉じているパイプ（ストップ・ダイアペイソン）があります。開管の構造をしたオープン・ダイアペイソンではすべての倍音が出ますが，閉管の構造をしたストップ・ダイアペイソンでは奇数次倍音のみが出ます。パイプの長さは 1 cm から 5.5 m に及び，基本周波数（ピッチ）としては 30 Hz から 15 kHz までをカバーします。他の楽器では聞くことのない，地響きのような重低音は，最長のパイプから発するものです。

　あるパイプ列に対して，わずかにピッチを高くあるいは低く調律しているパイプ列もあります。周波数の違いは 7 ないし 8 Hz 程度です。このような周波数差のパイプを同時に鳴らすと，毎秒 7，8 回のうなりを生じ，ビブラートを施したような効果があります。

　これらの多様なパイプを組み合わせて鳴らすことで，さまざまな倍音列を構成できるので，パイプ・オルガンは多彩な音色を奏でることができるのです。音色の制御は，ストップ・ノブと呼ばれるコントローラで，発音させるパイプ列を選択することによって行います。音量の制御も，パイプ列を増減させて行います。パイプ・オルガンは，フル・オーケストラを一人で演奏するような楽器なのです。

6.15　歌：人間の声も楽器である

声は，誰もが持っている楽器です。しかも，この楽器で奏でる歌は，言葉を伴い，他の楽器では奏でることはできません。歌は，言葉を使った芸術である詩と，ピッチの変化を使った芸術である音楽が結びついて誕生したのです。

音楽と言語の深い関係

音楽学者のクルト・ザックスが「音楽は歌うことから始まる」と主張しているように，音楽と言語の結びつきには長い歴史があります。音楽と言葉が結びついた歌の存在は，両者の深い関係性を示すものです。

音楽本来の性質も，多くの面で言語と共通しています。両者ともコミュニケーションの手段で，ある種の規則に従って時間的に展開します。言語の規則が文法で，音楽の規則が楽典です。言語の場合，考えを正しく伝えるのが第1の目的であるのに対し，音楽の場合は情緒を高め美しく表現することに重きを置きます。

詩の場合には，音楽と同様に，「情緒を高め美しく表現する」ことを重視します。詩と音楽が結びついて歌となるのは，きわめて自然な展開でしょう。詩には，リズムがあり，抑揚があり，強弱やアクセントをつけて朗読されます。これは，そのまま音楽のリズムになり，メロディになり，強弱の表現と融合します。そして，歌が生まれたのです。

音楽のジャンルの中には，語っているのか，歌っているか，よく分からないものがあります。ラップと呼ばれるジャンルもそのひとつです。ラップの演奏は，語りが歌に移り変わる過程を再現してくれているようです。

231

歌がもたらす効果

　歌詞とメロディの記憶に関する研究によると，メロディのみを憶える
よりも，歌詞をつけた場合の方がうまく記憶できることが示されていま
す。逆に，歌詞を憶える課題においても，メロディをつけた方がよく記
憶できます。メロディと歌詞が不可分に結びつき，歌が記憶を促進する
のです。年号や英単語の暗記用の教材として，歌を利用したものもあり
ますが，歌の効果を利用したものといえます。

　また，複数の歌を使った歌の記憶の研究によると，歌詞とメロディを
入れ替えると，オリジナルの歌をそのまま聴いたときよりも，記憶成績
が下がることが示されています。この研究から，歌の記憶に関しては，
歌詞とメロディが別々に記憶されているのではなく，歌詞とメロディが
統合されて記憶されているのではないかと考えられています。

歌とともに生きる

　歌とのつき合いは，幼児期には始まっています。保育園や幼稚園，小
学校に通うようになると，授業や各種の行事で，いろんな歌を歌う機会
を体験します。中学校でも同様です。そのうち，好きな歌をカラオケで
歌う機会も出てきます。バンドでボーカルを担当する人やコーラスに参
加する人も少なくありません。また，高齢者のための音楽療法では，歌
は積極的に利用されています。ゆりかごから墓場まで，つきあうのが歌
なのです。

6

楽器の分類と
そのしくみ

7

電子楽器から
DTMへ

8

映像メディアに
おける音の役割

9

サウンドスケープ

10

音のデザイン

6.16 オーケストラに打ち勝つ ベルカント唱法の秘密

　クラシックの歌手は，マイクロホンも使わずに，フル・オーケストラ
と共演して，朗々とその歌声を響かせることができます。ベルカント唱
法をマスターした強靱な声帯が大音量の声を生み出しているからこそ，
フル・オーケストラに負けない歌声を作り出すことができるのです。

オーケストラにかき消されない歌声のしくみ

　さらに，ベルカント唱法で歌われた母音には，シンガーズ・ホルマン
トと呼ばれる共鳴特性があり，この共鳴特性によりフル・オーケストラ
に負けることなく，歌声を聞かせることができるのです。図 6-20 に，
同じ母音をベルカント唱法で歌った歌声と通常の話し方で話した声のス

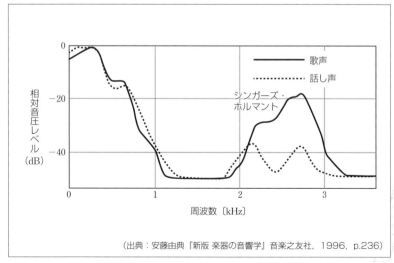

（出典：安藤由典『新版 楽器の音響学』音楽之友社，1996, p.236）

図 6-20 　ベルカント唱法で歌った歌声と通常の話し方で話した声のスペクトル包絡の比較

ペクトル包絡を示します。もちろん，歌声の母音にも，話し声と同じように，第1，第2ホルマントがあります。おおよそ2kHzぐらいまでの周波数帯域では，同じ母音の歌声と話し声のスペクトルには，それほど変わりはありません。ところが，2kHzから3kHzの帯域で，両者は大きく異なってきます。話し声には2つの小さなピークがありますが，歌声ではこれらよりはるかに大きい1つの山が形成されています。この山のことをシンガーズ・ホルマントと呼びます。

　シンガーズ・ホルマントが形成される周波数帯域には，オーケストラの演奏音はそれほど大きなエネルギーを有していません。そのため，歌声は，オーケストラがフルに音を出しても，かき消されることがありません。クラシックの歌手は，オーケストラをバックにしても，その歌声を聴衆に届けることができるのです。

　シンガーズ・ホルマントは，話し声の第3から第5ホルマントの周波数が近づいて1つにまとまった結果だといわれています。咽頭（のど）を下げることによって，シンガーズ・ホルマントが形成できるのです。

　シンガーズ・ホルマントは，主に男声のバス，バリトン，テナーで認められ，女声では存在しないと考えられてきましたが，その後の研究で女声にもホルマントの存在が認められています。ただし，女声の場合，ピッチが高いと，シンガーズ・ホルマントは形成されません。

第 **7** 章

電子楽器からDTMへ

　電気技術の発展は，音楽の世界にも多くの恩恵をもたらしました。電気回路で音質や音量をコントロールし，音も出せるようになりました。

　電気楽器，電子楽器の登場により，音楽の制作方法も大きく変わり，音楽そのものにも変容をもたらしました。電気楽器，電子楽器の演奏音の魅力を増大させるのが，各種のエフェクタ類です。さらに，デジタル技術の進化は楽器の世界にも及びました。発振器を組み合わせて開発されたシンセサイザはデジタル化され，コンピュータに組み込まれ，コンピュータ１台あれば音楽制作が可能な状況になりました。

　本章では，電気楽器，電子楽器，シンセサイザ，各種エフェクタ類，コンピュータによる音楽制作について解説し，それらが音楽に及ぼした影響を考察します。

7.1 電気楽器の原理

　多くの楽器では，さまざまな手法で音を発生させ，正確なピッチ，十分な音量，豊かな音色が出るように，工夫を凝らしています。電気技術の発展は，楽器にも恩恵をもたらし，新たな楽器のデザイン方法を生み出しました。当初は，楽器の演奏音をマイクロホンで拾って，アンプで音量を増大させるために，電気の力を利用していました。しだいに，効率よく楽器が発生する音を利用する方法が工夫されてきました。

　エレキギターでは，弦に磁力を与え，弦が振動するときの磁力の変化をピックアップで捉えて電気信号に変換するという方式を利用しています。この方法により，外部の音に左右されずに弦の音を拾うことができます。ギターは音量が小さいため，ジャズ・バンドなどではコードを奏でるぐらいしか活用されていなかったのですが，エレキギターとして大きな音量を出すことが可能となり，ソロ楽器としての役割も担えるようになったのです。同様の原理は，電気ピアノや電気ハープシコードなどでも利用されています。このようなタイプの楽器は，電気楽器といわれています。

　エレキギターの仲間のエレキベースは，ベース（ウッドベース）の電気楽器に相当するのですが，ウッドベースのように立てて弾かず，ギターと同じようなスタイルで弾きます。また，フレットが付いているのが普通です（フレットレスもあります）。

　ハモンド・オルガンという鍵盤楽器では，トーン・ホイールと呼ばれる歯車状の円盤を回転させ，電磁ピックアップで正弦波状の音を発生させています。いくつかの倍音も同時に発生させ，パイプ・オルガンのように，倍音のコントロール（音色を変化させること）も可能となってい

ます。その後，ハモンド・オルガンは，スピーカを回転させるレスリー・スピーカを搭載し，音源が移動するとピッチが変化する効果（ドップラー効果）を利用した独特の変調音を生み出し，その音が愛好されるようになりました。

逆転の発想から生まれたサイレント楽器

　電気楽器類は，アンプとスピーカ（楽器の場合，この両者が組み合わさったものを単にアンプと呼んでいます）につながないと，楽器からの音は小さくて演奏音としては使い物になりません。この弱点を逆転の発想で長所にしたのが，ヤマハが開発したサイレント楽器です。 **図7-1** に，サイレント楽器の例として，サイレント・バイオリンのイメージを示します。サイレント・バイオリンやサイレント・ギターのような弦楽器の場合，演奏行為に関わる発音部のみ残し，胴体を完全になくしています。そのため，演奏音は極めて静かです。サイレント楽器をアンプに接続しても，イヤホンで聴いていれば，楽器練習時に他人に迷惑をかけることはありません。深夜でも，心おきなく練習できます。もちろん，アンプにつなげば，サイレント楽器は電気楽器として，演奏会でも十分に利用できます。

図7-1 サイレント・バイオリン：サイレント楽器の例

7.2 電子楽器：
電気のチカラで音を作る

　発振器のように電気的に音を発生する装置を利用して，ヤマハのエレクトーンなどの電子オルガンが開発されました。音の発生から電気の力を利用した楽器は，機械的に発生した音を利用する電気楽器とは区別して，電子楽器と呼ばれています。 図 7-2 に電子オルガンの原理を示します。この電子オルガンには，手で操作する鍵盤が 2 段，足で操作する鍵盤が 1 段あります。電子オルガンの場合，鍵盤は一種のスイッチです。鍵盤を押さえると，発振器の信号が音色回路に入り，倍音の含まれ具合が調整されて，出力されるしくみになっています。この電子オルガンには，演奏音にビブラートをかけるビブラート発振器，音量を足でコントロールするエクスプレッション・ペダルも備えられています。

　1 つの楽器でオーケストラに匹敵する音楽を奏でたいという要求は，古くからありました。一つの挑戦がパイプ・オルガンでした。発振器を使っての楽音合成が可能になった時代からは，パイプを電子回路に置き換えて，電子楽器の挑戦が始まりました。

シンセサイザの誕生

　1955 年にアメリカの RCA プリンストン研究所が制作した RCA ミュージック・シンセサイザは，最初の本格的なシンセサイザといえるでしょう。 図 7-3 に RCA ミュージック・シンセサイザを示します。周波数，強度，音色などを，真空管を用いた電子回路で制御し，音楽を制作する装置でしたが，研究室を埋め尽くすぐらいの巨大な設備でした。

　1964 年に発表されたモーグ・シンセサイザは，電子楽器のイメージを大きく変えました。モーグ・シンセサイザは，電圧で制御可能な発振

器やフィルタ，増幅器を利用して，豊かな表現力を備えています。

　発振器としては，正弦波，三角波，矩形波，ノイズの波形のものが備えられ，フィルタと組み合わせて多彩な音色が合成できます。発振器としては正弦波も利用できるのですが，倍音の豊富な矩形波などをもとにしてフィルタでスペクトルを加工して音を作ることが一般的です。ノイズをごく狭帯域のフィルタを通して，口笛のような音を作ることもできます。そのため，フィルタで成分を減じて音を合成する方式という意味で，モーグ・シンセサイザのようなタイプのシンセサイザは減算合成方式と呼ばれるシンセサイザ方式に分類されています。これに対して，正弦波を足し合わせて音を合成するようなタイプのシンセサイザの方式を，加算合成方式と呼びます。

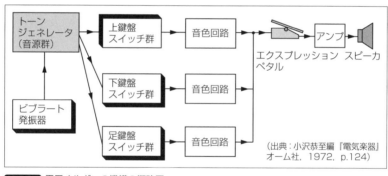

（出典：小沢恭至編『電気楽器』
オーム社，1972，p.124）

図7-2 電子オルガンの機構の概略図

図7-3 RCA ミュージック・シンセサイザ

　モーグ・シンセサイザの各発振器の周波数，振幅は電圧で制御され，ここに別の発振器からの正弦波を入力するとビブラートをかけることも可能です。振幅を電圧で制御することによって，音の成長，減衰の過程も制御できます。 図7-4 のように，制御する信号をコードで発振器に入力するのが，この時代のシンセサイザの特徴でした。また，鍵盤の横にはホイール状のピッチベンダと呼ばれるコントローラがあり，これを回すことでピッチを連続的に変化させること（ポルタメント）もできます。シーケンサという装置を使えば，あらかじめセットした演奏情報を自動的に入力できるので，自動演奏も可能です。

　ただし，初期のモデルでは同時に 1 つの音しか出せず，利用できる範囲は限られていました。その後，複数の音が同時に出せるようになり，用途が広がっていきました。初期のものは，スタジオの調整室を埋め合わせるぐらいのサイズだったのですが，次第に小型化も図られ，ライブでも手軽に利用できるようになりました。

　ローランド，コルグなど日本の楽器メーカも同種のシンセサイザを製作し，多くのミュージシャンが活用しています。エマーソン・レイク・アンド・パーマー，クラフトワーク，イエロー・マジック・オーケストラといったグループは，シンセサイザがあったからこそ，その成功があったのです。作曲家の富田勲は，シンセサイザを使って『月の光』『展覧会の絵』といったクラシックの名曲を演奏したレコードを制作して，評判になりました。

図7-4 モーグ・シンセサイザ Moog Ⅲ C をソフト化した「Modular V」（Arturia）の画面

7.3 ユニークな電子楽器

　現在までに多くの電子楽器が作成されてきましたが，中にはそれまでの楽器のイメージからかけ離れたユニークものもあります。ただし，現在でも使われているものは，そう多くはありません。

　そんなユニークな電子楽器の中で，今でも見る（聞く）ことができる楽器の1つが　図7-5　に示すテルミンです。テルミンには，電子オルガンなどと異なり，鍵盤は備わっていません。テルミンでは，コンデンサの原理を利用して，人間の手の動きをアンテナでキャッチしてピッチや音量を連続的にコントロールします。演奏の自由度が大きい反面，コントロールが難しく，一般に普及するには至りませんでした。しかし，その不安定な演奏音は，不思議な雰囲気を醸しだし，SFやホラー映画の効果音には重宝されました。開発者のレフ・テルミンの伝記映画が公開されて以降，テルミンは再び脚光を浴びました。テルミン奏者を名乗る音楽家も活動を続けています。

図7-5　テルミンを演奏している開発者レフ・テルミン

図 7-6 に示すオンド・マルトノと呼ばれる電子楽器も，テルミンと同じように，ピッチを連続的にコントロールする楽器です。演奏者はワイヤーにつながれたリュバンと呼ばれる指輪状の輪に右手の人差し指を入れ，左右に動かすことでピッチをコントロールさせます。音のオン・オフは，左手人差し指でトゥッシュと呼ばれる装置でコントロールします。トゥッシュを押すと音が鳴り，離すと音が消えます。音を出すためのスピーカも，通常の音を出すプリンシパルと呼ばれるスピーカ以外に，スピーカに張った弦に共鳴させて音を出すパルム，金属板に共鳴させて音を出すメタリック，残響が付加されるリバーブが備わっています。プリンシパル以外のスピーカは，一種のエフェクタが備わっているとも考えられます。テルミンとは異なり，オンド・マルトノには，鍵盤が備えられています。初期のものは，鍵盤は単なる見せかけでしたが，後に作られたものでは鍵盤での演奏も可能になっています。オンド・マルトノも，映画の効果音や音楽の制作用として重宝されています。オンド・マルトノ奏者も活動しています。

サンプラーの元祖的存在,メロトロン

録音再生メディアである磁気テープを音源として使ったメロトロンも，ユニークな発想で生まれた楽器でした。 図 7-7 に，メロトロンに使われている磁気テープの様子を示します。メロトロンは，あらかじめ楽器の音を鍵盤の数だけテープに録音しておき，鍵盤で弾いたときにその鍵盤のピッチのテープが再生されるというしくみでした。ストリングス，ブラス，フルートなどが一般的でしたが，テープを入れ替えればどんな楽器にも対応が可能でした。ただし，オープン・リール型のテープを使っているので，取り扱いに注意が必要な楽器でした。メロトロンは，1960 ～ 1970 年台のプログレッシブ・ロックのバンドに重宝されました。メロトロンのアイデアは，その後デジタル技術を使ったサンプラーなどに踏襲されました。また，デジタル技術を使ったメロトロンの復刻モデルも発売されています。

6

楽器の分類と
そのしくみ

7

電子楽器から
DTMへ

8

映像メディアに
おける音の役割

9

サウンドスケープ

10

音のデザイン

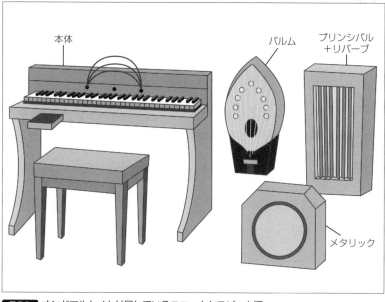

図7-6 オンドマルトノと付属しているユニークなスピーカ類

（写真提供：宮地楽
器神田店）

図7-7 メロトロンに使われている磁気テープの様子

7.4 デジタル技術が 電子楽器にも恩恵をもたらした

　デジタル技術は，オーディオ機器に大きな変革をもたらしましたが，電子楽器にも数々の恩恵をもたらしてくれました。シンセサイザも，デジタル方式のものが主流になってきました。

　FM音源方式のシンセサイザも，デジタル技術で大きな発展をとげました。**図7-8** に示すように，正弦波を正弦波で周波数変調すると，多くの成分をもった信号を合成することができます。このことを利用して，シンセサイザの音源を作ったのが，FM音源方式です。FM音源方式は，アメリカのスタンフォード大学のジョン・チョウニングが開発した合成方式でしたが，ヤマハがそのライセンスを受けて実用化したものです。DXシリーズではFM音源方式をデジタル化し，ユニークな音色を奏でることができるようになったため人気を得て，1980年代を代表するシンセサイザとなりました。FM音源方式では，少ない発振器で多様な音色が合成できることから，コンパクトながら表現力豊かな電子楽器を製作することができました。

　サンプリング音源方式のシンセサイザは，シンセサイザの表現力を格段に高めました。サンプリング音源とは，現実に存在する音をデジタル方式で録音したものです。このタイプのシンセサイザは，たいてい録音と編集の機能を備えています。さまざまな音があらかじめセットされていますが，自分で録音して利用することも可能です。演奏するときは，記憶している音のデータを呼び出して再生します。この方式では，読み出し速度を変えてピッチを変化させ，演奏に利用するのです。

　ただし，あるピッチの楽器演奏音を録音して，すべての音域の音を録音した音から合成すると，音域によってはその楽器の特徴（「らしさ」）

がうまく出ないことがあります。楽器によっては音域が違うとスペクトルの特徴が異なることがあるので，このようなことが起こります。そんな場合，複数のピッチの音を録音して，その間を補完するように合成すると不自然さは解消されます。

シンセサイザの演奏音は，シンセサイザらしい音を出すことに特徴があったのですが，サンプリング方式のシンセサイザは普通の楽器の音を出す鍵盤楽器としても利用できます。

自然楽器の発声原理をシミュレーションした音源シンセサイザ

さらに，デジタル技術の発展は，これまでとは違ったコンセプトのシンセサイザを生み出しました。自然楽器の発声原理をシミュレーションし，物理モデルを構成して音を合成したもので，音源シンセサイザと呼ばれています。他の方式があくまでもスペクトルや振幅エンベロープなどの音響特性をベースにして音作りを行うのに対して，音源シンセサイザでは，物理現象としての音の発生過程をそのまま組み込まれたコンピュータの中でバーチャルに再現させて音を作りだしているのです。音源シンセサイザは，リアルな楽器音とともに，現実には存在しない仮想楽器の音も作り出すこともできます。

デジタル技術は，シンセサイザにも革命をもたらしましたが，不思議なことに，メロトロンやアナログ時代のシンセサイザをデジタル化して再現されたモデルも販売され，結構人気を得ています。

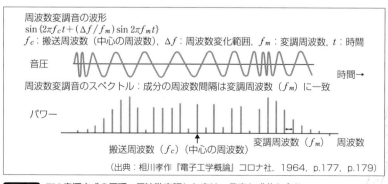

図7-8 　FM音源方式の原理：周波数変調した音は，豊富な成分を含む

7.5 エフェクタ：音楽表現に彩りを添えるツール

　音楽演奏や音楽制作には，多くのエフェクタが使われます。エフェクタには，録音や演奏時の音がひずんだり，音質が劣化したりしないようにするためのものから，より積極的に音作りのツールとして利用されるものまであります。

　エフェクタと呼ばれる機器は通常電子的に音を処理するので，アコースティックな楽器にエフェクタをかけるには，マイクを通して音を電気信号に変換してからになります。電気楽器，電子楽器の場合には，楽器から出力された信号をエフェクタに入力します。音源（楽器）もエフェクタもデジタル化されている場合，エフェクタは符号化された信号上での処理となります。

　エフェクタによって，その音楽表現が広がり，まったく別の楽器のような特徴をもたらすこともできます。完成度の高い音楽制作のためには，エフェクタは欠かせない存在になっています。

デジタル化されたエフェクタ

　多くのエフェクタは，アナログ回路を利用していた時代に誕生したものですが，現在ではほとんどデジタル機器になっています。また，多くのエフェクタは，音楽制作ソフトウェアや DAW（Digital Audio Workstation）と呼ばれる音響編集ソフトウェアにも組み込まれています。

7.6 空間系エフェクタ：響きを人工的に作る

　最近のポピュラー音楽においては，クリアな音質が求められるため，残響の少ないスタジオでマイクロホンを音源に接近させて録音します。そのため，そのままでは響きの少ない，味気ない音になってしまいます。そこで，エフェクタを用いて，人工的に響きを付加して，豊かな響きの音にすることが一般的になっています。人工的に響きを付加するエフェクタがディレイ，リバーブといった空間系エフェクタです。

　ディレイは，図7-9 に示すように，反射音（4.14節参照）を人工的に作り出す装置で，入力した音を少し遅らせて出力する装置です。遅れ時間やレベル，反射音の数などは，自由自在にコントロールできます。リバーブは，部屋の残響をシミュレーションする装置です。残響時間など各種の特性を自由にコントロールできますが，高い評価を得ているコ

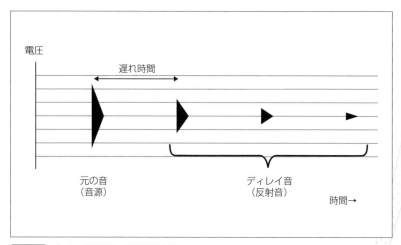

図7-9 ディレイの原理：反射音の付加

ンサート・ホールの残響をシミュレートしたデータをあらかじめプリセットしているリバーブもあります。直接音にディレイやリバーブをかけた音を付加して，豊かな空間性のある音が作り出せます。

斬新な音作りを担う空間系エフェクタ

空間系エフェクタには，単なる反射音のシミュレーションを行うのではなく，もっと斬新な音作りを担うものもあります。ディスチューン，ハーモナイザ，ハーモナイズド・ディレイといったエフェクタです。ディスチューンは，わずかにピッチをずらした音を原音と混ぜ合わせるもので，音に厚みと広がりがでます。ハーモナイザは，もっと大胆に音程をずらすものです。原音とあわせて「ハモる」こともできますし，甲高いユーモラスな声を使うこともできます。ハーモナイズド・ディレイは，ピッチがずれた音が遅れて出てくるものです。遅れてきた音に合わせて，メロディを奏でることもできます。高度なテクニックが必要になりますが，この手法により，一人で合奏しているかのような面白いライブ演奏が可能になります。

7.7 モジュレーション系エフェクタ： ここちよい「ゆらぎ」を作る

楽器の音にさまざまな「ゆらぎ」を付加する機能を持つのが，モジュレーション系エフェクタです。このエフェクタにより，ビブラートをかけられないような楽器の定常音に周期的な変化をもたらすことができます。

ゆらぎを与えるエフェクタのいろいろ

コーラスは，基本的にはディレイなのですが，遅れ時間（20ミリ秒程度）にゆらぎを与えます。遅れ時間を周期的に変化させることによって，一人で演奏しているのに複数で演奏しているような感じがでます。それぞれ位相の異なる周期的変化を与えられたディレイを組み合わせると（多相コーラス），より厚みのある演奏音になります。フランジャと呼ばれるエフェクタも原理はコーラスと似ていますが，遅れ時間が少し短く，2から10ミリ秒程度です。

トレモロは，マンドリンなどで用いる演奏技法と同じ名称が用いられますが，音の大きさを周期的に変化させるエフェクタです。ワウワウは，スペクトルを周期的に変化（高域を強調したり，低域を強調したり）させるもので，手動（ペダルを足で踏んでスペクトルを変化させるので，正しくは「足動」というべきですが）によるものと自動的に変化するものがあります。また，オートパンといって，音を左右に揺らす効果をもったエフェクタもあります。

7.8 ひずみ系エフェクタ：わざと ひずませてカッコいいサウンドを作る

　ひずみ系エフェクタという，音を無理やりひずませる装置もあります。ひずみ系エフェクタでは，**図7-10** に示すように，電圧がある程度以上の大きな入力があっても，電圧がそれ以上大きくならないようにカットします。正弦波をひずみ系エフェクタに入力すると，矩形波のようになってしまいます。ひずみ系エフェクタは，エレキギターで多用されています。ひずみ系エフェクタによって，減衰時間の短いギター音でロングトーンの演奏が可能になるのです。ひずみ系エフェクタは，リード楽器としてのギターの可能性を広げたエフェクタといえるでしょう。ひずみ系エフェクタは，ひずみの度合いによって，オーバードライブ，ディストーション，ファズと分類されています。

　オーバードライブは，原音のニュアンスを損なわずに，ひずみによって得られる倍音を付加したものです。ディストーションは，もう少しひずみを強くしたものです。ハード・ロック系のギタリストが多用しています。ひずみ系エフェクタをかけた音でコードを弾くと汚い音がするので，注意が必要です。ファズは，非常に強いひずみをもたらすエフェクタで，どんなギターを弾いてもファズの音になってしまいます。和音には向かず，リード・ギター用です。

　ひずみ系エフェクタは，アンプをフルパワーで演奏して，ひずんでしまった音がたまたまカッコよかったので，ひずませることを意図して演奏したのが起源であるといわれています。オーバードライブは，その時のナチュラルなひずみ音を再現したものです。

三味線におけるひずみ系エフェクタ

　三味線では，**図7-11** に示すように，一の糸（演奏時に一番上部の弦）だけが上駒からはずれていて，開放弦を弾いたとき，つま弾いた弦が棹のさわりの山に触れることによって，「ビーン」という音が発生します。この現象は「さわり」と呼ばれていますが，機構による（電気回路を使わない）ひずみ系エフェクタであるとも考えられます。他の糸を開放弦で弾いたときにも，共鳴によりさわりの音が生じます。津軽三味線は，さわりの独特な音色を生かしたダイナミックな演奏法に特徴があります。琵琶やインドのシタールなどでも，さわりが利用されています。さわりにより，高次倍音の余韻が著しく伸び，非調和成分（倍音関係にならない成分）も発生することで，豊かな音になるのです。

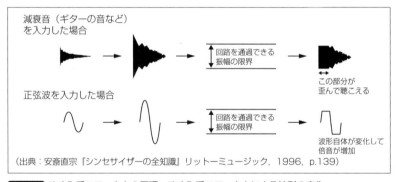

（出典：安斎直宗『シンセサイザーの全知識』リットーミュージック，1996，p.139）

図7-10　ひずみ系エフェクタの原理：ひずみ系エフェクタによる波形の変化

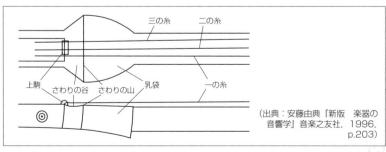

（出典：安藤由典『新版　楽器の音響学』音楽之友社，1996，p.203）

図7-11　三味線で「さわり」が生ずるメカニズム

7.9 ひずみに美的価値を与えた エレキギターは反骨の楽器だった

エレキギターは，ギターの音を電気の力を借りて増幅しただけの楽器ではありません。新しい音を作り出す楽器です。

エレキギターは不良の楽器?

エレキギターは，カッコいい楽器であるとともに，反骨の楽器でもありました。かつて，エレキギターは不良の楽器であると，批判にさらされました。エレキギターを弾いたり聴いたりしただけで，親や先生から叱られたものです。

エレキギターは，楽器としても，反逆児です。エレキギターは，音響屋が忌み嫌うハウリングや極力減らそうとしてきたひずみを，積極的に利用してきました。楽器を壊すという，音楽家のタブーを演奏テクニックとして正当化したのも，エレキギターです。

フィードバック奏法で一世を風靡したのがジェフ・ベックです。ベックは，誰もが避けようとするハウリングを芸術の域に高めました。

エレキギターは，ひずみの取り込みにもどん欲でした。きっかけは，アンプを通したときに起こるナチュラル・ディストーションの官能的な響きでした。ひずみ系エフェクタ（7.7 節参照）は，より積極的にひずみを増大させる装置として開発されたのです。ラテンとロックを融合し，独特のサウンドを確立したカルロス・サンタナの官能的な響きは，ひずみなしでは作れません。シアトルで開催された国際音響学会（1998 年）では，ジミ・ヘンドリックスを偲んで，「ひずみ」特別セッションが行われました。ひずみの美学が学術的に認知された，記念すべきセッションでした。

　ジミ・ヘンドリックスといえば，ギター壊しの大家としても知られています。ギターを壊すときに出る破壊的響きは，反骨の楽器が奏でるエンディングとして，ふさわしいといえるでしょう。彼は，壊すだけではもの足りず，「ギターを燃やす」という快挙にでたことでも知られています。

　エレキギターのギタリストたちは，お行儀よく直立不動で演奏する人たちではありません。チャック・ベリーは，ギターを弾きながら腰を曲げて歩くダックウォークで，ステージを盛り上げました。ジミー・ペイジはギターを腰よりも低い位置までぶら下げて弾いていましたが，後に続くギタリストたちはこぞって真似をしました。ジミ・ヘンドリックスにいたっては，弦を歯で弾いて聴衆の度肝を抜きました。こんなギターの弾き方は，教則本のどこにも載っていません。

やってはいけないことを音作りに活かす

　エレキギターの生きざまは，新しい音響表現のあり方を示唆してくれます。「やってはいけないこと」「避けてきたこと」を，積極的に「音作りに生かす」逆転の発想が，音楽芸術や音響技術に，ブレイク・スルーをもたらしてくれるのです。

7.10 インサート系エフェクタ：過大入力を防ぐ

　マイクロホンを使って録音するとき，しばしば予期せぬ大きな音が入力することがあります。瞬時にボリュームを下げても間に合いません。過大入力された音は，ひずんでしまって使いものになりません（意図してエフェクタでひずませたいという場合を除いて）。録音ならやり直しができますが，ライブの場合にはそれもかないません。だからといって，過大入力を恐れて録音レベルを下げると，小さな音はまわりの騒音に埋もれてしまって，やはり使いものになりません。

リミッタとコンプレッサ

　十分な録音レベルを保ちつつ過大入力に対応したエフェクタが，リミッタ，コンプレッサといわれているエフェクタです。図7-12 に示したのは，リミッタ，コンプレッサにおける，入力レベルと出力レベルの関係です。

　リミッタを通すと，入力がある一定のレベルに達したとき，急激に増幅度が圧縮されて，音量が抑えられます。その結果，過大入力は抑制され，ひずみを避けることができます。コンプレッサの働きも，基本的にはリミッタと同様です。コンプレッサでは，ピーク・レベルを抑える場合の圧縮比が，リミッタより穏やかになっています。リミッタ，コンプレッサを使用することにより，ボーカルの「ツブだち」を揃えることもできます。リミッタ，コンプレッサとも，動作が開始するレベル（スレッショルドと呼ばれています）までは，入力信号には何の変化も生じません。

微小な音量を抑制するノイズ・ゲート

リミッタ，コンプレッサは過大な音量を抑制するエフェクタですが，微小な音量を抑制するエフェクタがノイズ・ゲートです。**図7-12** にノイズ・ゲートの原理も示していますが，信号のレベルがあるレベル以下になると，入力を抑制するのです。ある程度以上の音量の音だけを通過させるのがノイズ・ゲートです。ノイズ・ゲートは，さまざまな楽器が隣接する中である特定の楽器の音を拾いたいときに威力を発揮します。また，回りに雑音がある場合でも，対象とする音を明瞭に拾えます。

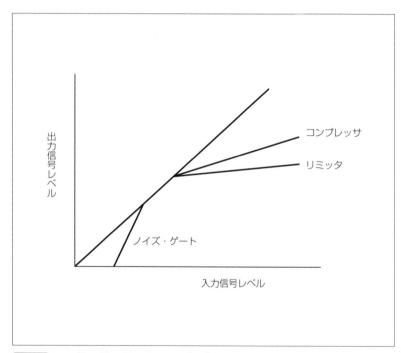

図7-12 コンプレッサ，リミッタ，ノイズ・ゲートの原理：入力信号レベルと出力信号レベルの対応関係

7.11 イコライザ： スペクトルを変化させる

　録音する音やした音，電子楽器の音，PA（ライブ演奏での拡声）する音などの周波数特性（スペクトル）を変化させたいときに用いるのが，イコライザです。イコライザでは，各周波数帯域の音量を制御することにより，ある特定の周波数帯を強調したり抑制したりすることができます。**図7-13** に，グラフィック・イコライザと呼ばれるイコライザの一種を示します。グラフィック・イコライザでは，各周波数帯に割り当てられたつまみでその帯域のレベルを調整して，周波数特性をコントロールします。

　PAでは，コンサート会場の音響特性に癖がある場合，イコライザはその補正に効果を発揮します。ある周波数で共鳴しやすいような空間では，その周波数の音が特に大きく増大され，マイクロホンに再び入り込みます。そうなると，その音がまた増幅されることにより無限ループのようになり，「ピ　」と発振器のような大きな音が発生します。このような現象をハウリングといいます。ハウリングが起こっては，コンサートは台無しです。また，ハウリングによって，スピーカの損傷を招くこともあります。グラフィック・イコライザの使用で，ハウリングを起こしそうな周波数帯のレベルを低下させることで，ハウリングを防ぐことができます。

図7-13 イコライザ：グラフィック・イコライザ

7.12　MIDI：コンピュータとつながるインターフェース

　コンピュータの利用が一般に広まると，音楽制作でもシンセサイザなど各種の機器をデジタル信号で制御したいという要求が出てきました。その要望に応えた規格が，MIDI（Musical Instruments Digital Interface）です。MIDIは，コンピュータのデジタル信号を利用して，ピッチや音量，長さ，音色などを制御する規格です。MIDIの規格では，各音に対する情報を数字で表します。ピッチの場合には，ノート・ナンバーといわれる0から127の番号で音名の違いを区別します。ノート・ナンバーの1つの違いは半音の違いに相当します。ただし，音楽制作ソフトウエアではこの番号を「C4」などの音名を使った表記に変換して表示し，直感的に分かりやすくなるように工夫されています。

　MIDI制御可能なシンセサイザやエフェクタが次々と開発され，コンピュータ制御で本格的な音楽が制作できるようになりました。MIDI制御用のキーボード（鍵盤）を利用すれば，データを入力しなくても，マニュアルでの楽器制御も可能です。MIDIのコントローラとしては，キーボードが一般的ではありますが，管楽器のようなタイプのもの，ギターのようなタイプのものなど，各種のものもあります。中には，体の動きに合わせてデータを制御する楽器（というより装置ですが）もあります。

　MIDIの用途はしだいに広がり，カラオケにも利用されるようになりました。デスクトップ・ミュージック（DTM）と呼ばれる個人での音楽制作が盛んになったのも，MIDI関連機器の発展とコンピュータの低価格化によるところが大きいでしょう。その後，コンピュータ内部に音源を有するようになり，ますます手軽に音楽制作ができる状況になってきました。

7.13 デスクトップ・ミュージック: コンピュータ1台で音楽制作

　コンピュータは，MIDI音源やサンプリング音源を扱うことができますが，コンピュータを使って音楽制作を行うためには，プログラムが必要です。プログラムを組むには，そのための能力と手間が必要ですが，市販の音楽制作ソフトウェアを使えば，手軽に音楽制作が行えます。フリーの音楽制作ソフトウェアもいくつかあります。数万円のパソコンさえあれば，机の上で音楽制作が可能になります。こういった音楽制作ソフトウェアを利用して制作した音楽をデスクトップ・ミュージック（DTM）と呼んでいます。

手軽な音楽制作ソフトウェアから高度なものまで

　音楽制作ソフトウェアでは，ディスプレイに表示された五線譜上にデータを入力する，MIDIキーボード（鍵盤）を使って演奏データを入力するなどして音楽情報を取り込みます。独自の表示方式を使って入力する方式を備えたソフトウェアもあります。 図7-14 に音楽制作ソフトウェアの作業画面の一例を示します。

　手軽に利用できる音楽制作ソフトウェアが広く出回る一方で，高度な音楽制作ソフトウェアも開発されてきました。音楽を構成するさまざまな要素を数値化し， 図7-15 に示すようにその要素の流れを図示できるようにした作曲支援ソフトウェア MAX あるいは MAX/MSP は，多くの作曲家に利用されています。MAX のようなソフトウェアは，新しいタイプの音楽やメディア・アートなどの音楽を超えた芸術の発展にも貢献しています。

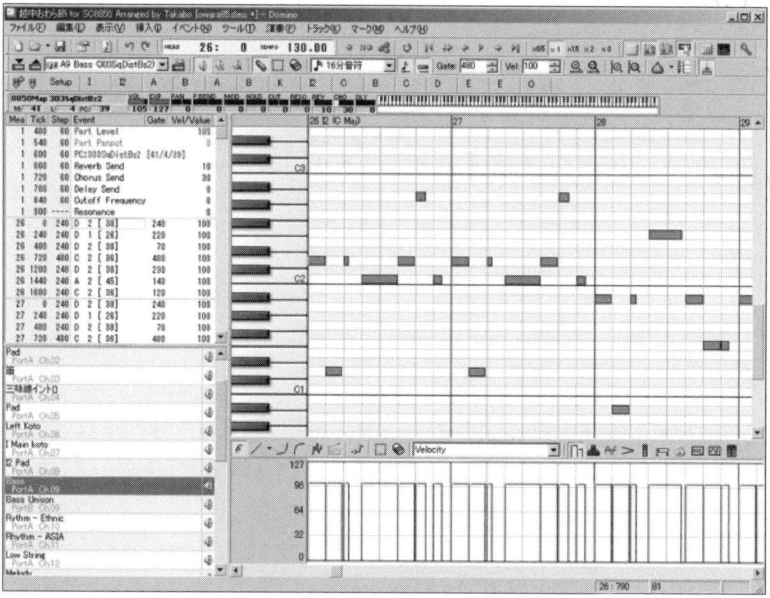

図7-14 音楽制作ソフトウェア，Domino の作業画面

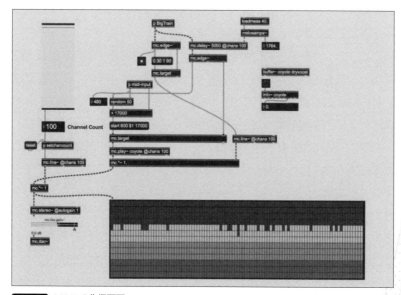

図7-15 MAX の作業画面

259

7.14 ボーカロイド：ついに歌声も コンピュータで合成

　音声合成技術の発展により，ボーカルもコンピュータで制作可能となりました。ボーカロイド「初音ミク」は，コンピュータによる歌声が市民権を得た，象徴的な存在です。ほかの楽器と異なり，歌声は言葉を使うため，電子楽器やコンピュータで合成することは困難でした。しかし，コンピュータでしゃべらせるという音声合成の技術の進歩のおかげで，歌声の合成が可能となったのです。

ボーカロイドという楽器の新たな可能性

　利用が始まったとはいえ，ボーカロイドの歌声のクオリティは低く，まだまだ人間の歌声とはだいぶ違っています。しかし，パフュームのようにエフェクタを全面的に押し出したようなボーカルが流行することによって，機械的な歌声に対するハードルが下がり，ボーカロイドが受け入れられるようになったのです。人間の声の代わりというより，ボーカロイドという楽器の新たな可能性が認められたといっていいでしょう。

　パフュームの歌声を特徴づけるエフェクタは，オートチューンという本来はボーカルのピッチを補正するためのエフェクタです。しかし，オートチューンは，「ケロケロ」という感じのロボット風の声に変化する特性を利用するエフェクタとして，広く活用されるようになりました。オートチューンのように，本来考えられた機能と違ったところで活用されることは，エフェクタや電子楽器類においてはよくある事例です。

　ボーカロイドが進化すると，ボーカルも含めすべて電子楽器やコンピュータで制作しても，それを気づかれない作品ができる日も近いでしょう。亡くなった歌手の歌声を今に蘇らせる試みも行われています。

7.15 DAW（Digital Audio Workstation）：一人でレコーディング

　ポピュラー音楽のレコーディングの場合，演奏者が全員そろって演奏音を録音するといったことは，ほとんどありません。各パートのミュージシャンが演奏した音を，別々のトラック（チャンネル）に録音しておいて，あとでミキシングして音楽を作りあげるのが一般的です。演奏にミスがあった個所は，ミスをしたミュージシャンのみがやり直して，演奏を入れ替えればいいのです。ミキシングというのは，各楽器の大きさや音色のバランスを整えて，1つの音楽に仕上げることです。ポピュラー音楽などでは，マルチトラック（多チャンネル）・レコーディングが当たり前になっています。通常のレコードの場合だと，32とか48とかのチャンネル数の音源を，2チャンネルにまとめることになります（この過程をトラック・ダウンといいます）。5.1 ch サラウンド用の音源が求められることもあります。

自宅でマルチトラック・レコーディングが可能に

　マルチトラック・レコーディングは，多チャンネルに対応した調整卓（ミキシング・コンソール），マルチトラック・レコーダといった大掛かりな機材を備えた録音スタジオで行われてきました。しかし，DAW（Digital Audio Workstation）と呼ばれる音楽編集ソフトウェアが利用されるようになると，パソコン1台でマルチトラック・レコーディングも行えるようになってきました。 図7-16 に DAW の作業画面の例を示します。

　自宅でレコーディングするという意味の宅録という言葉も生まれました。DAW には，ミキシング・コンソールや各種のエフェクタがソフト

261

7.15 DAW（Digital Audio Workstation）：一人でレコーディング

ウェアで備わっているので，大掛かりな装置がなくても音楽制作が可能
です。

　また，音楽制作ソフトウェアも，DAW の機能が備わったものが増
えてきたので，MIDI 制御中心のデスクトップ・ミュージック（DTM）
と DAW の違いがあいまいになっています。

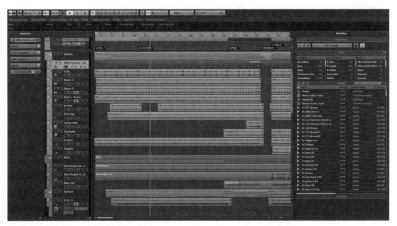

図 7-16 DAW（Digital Audio Workstation），Cubase の作業画面

7.16 音楽制作の質向上には オーディオ・インターフェースは必須

　パソコン 1 台あれば音楽制作が可能な時代になりました——と書きました（7.13 節）。それはウソではありませんが，DAW の機能を使い，コンピュータ内の音源や MIDI で制御できる電子楽器以外の楽器を使って本格的な音楽制作を行いたい場合，もう少し装備を加える必要があります。

DAWを活かすための必須の装備

　特に，ボーカルや楽器の音をマイクで録音して利用したいとか，エレキギターの音をラインでつないで録音したいとかいったアナログの信号を利用したい場合には，**図7-17** に示すようなオーディオ・インターフェースは必須の機器です。もちろん，パソコンにも内蔵マイクが付属している機種も多く，録音は可能です。ライン入力もできます。ただし，パソコン内蔵の機器は，ノイズが加わったり，音質が良くなかったりで，音楽制作には使いものにならないクオリティです。また，アナログ信号をデジタル信号に変換するときに，パソコンがさまざまな処理を同時に行っているため，遅れが生じてしまいます。さらに，マイクによっては電源の供給を必要とする機種もあるのですが，さすがに通常のパソコンにはそこまでの機能は備わってはいません。

　オーディオ・インターフェースは，マイクやラインからの入力に対応して，遅れ時間なくアナログ信号をデジタル信号に変換することができるので，本格的なレコーディングを可能にしてくれます。オーディオ・インターフェースは，USB（Universal Serial Bus）という標準的な規格でパソコンに接続できるようになっています。オーディオ・インター

フェースにより，音楽制作の質は格段に向上します。

　さらに，USB-MIDI キーボード（USB, MIDI の両方のインターフェースに対応している），モニタ用のスピーカ，ヘッドホン，マイクロホンなどが，音楽制作環境としては標準的な構成となります。（鍵盤の方の）キーボードは，使いこなせれば入力用としては便利なツールになりますし，慣れていない場合でも簡単に音を出す手段として使えます。また，モニタ用としては，パソコンに付属しているスピーカはやはり音楽制作用としては十分ではありません。

　さらに，ボーカルや楽器の音を録音して使いたい場合には，マイクロホンは必須です。音楽を録音する場合，マイクロホンは楽器の一部と考えていいでしょう。次節で詳しく説明します。

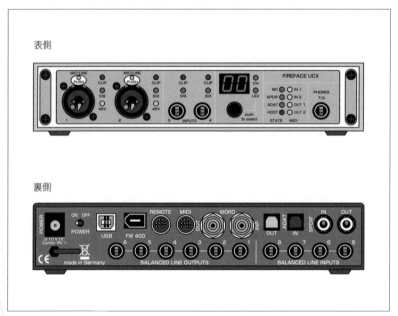

図 7-17 オーディオ・インターフェースの例：さまざまな入出力を備え，本格的なレコーディングが可能になる

7.17 マイクロホン：ダイナミック型とコンデンサ型

　マイクロホンは，音の物理エネルギーを電気エネルギーに変換する装置です。音楽録音用のマイクロホンには，主として 2 つのタイプが使われています。一つは，ダイナミック型といわれるのもので，磁界の力を利用したものです。もう一つは，コンデンサ型といわれるもので，コンデンサの原理を応用したものです。

　図7-18 にダイナミック・マイクロホンの原理と実例を示しますが，振動板がコイルにつながっています。音によって振動板が振動すると，それにつれて磁界の中で振動するコイルの動きによって電気信号を誘発します。ちょうど，スピーカと逆の原理です。電気信号は，オーディオ・インターフェースを経て，コンピュータに入力します。ダイナミック・マイクロホンは比較的丈夫で，機動性に富み，ボーカルやバス・ドラムなどの録音に好んで用いられます。

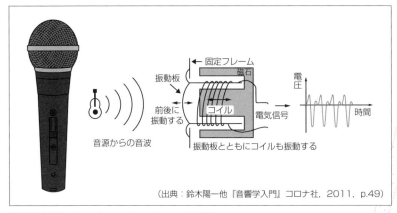

（出典：鈴木陽一他『音響学入門』コロナ社，2011，p.49）

図7-18 ダイナミック・マイクロホンとその原理

　図7-19 に示すコンデンサ・マイクロホンでは，振動板と固定電極で
コンデンサを形成します。音によって振動板が揺れると，コンデンサの
電気容量が変化します。その結果，電流が流れるのです。コンデンサ・
マイクロホンは，周波数特性に優れ，過渡特性も良好なため，音楽の録
音に適しています。しかし，デリケートで風にも弱いため，屋外での使
用に向きません。また，電気を供給する必要もあります。

　マイクロホンには，**図7-20** に示すように，さまざまな指向性を持っ
たものがあります。代表的なのは，回りの音すべてを取り込む無指向性，
ある方向の音だけを取り込む単一指向性です。単一指向性の中でも特に
指向性が強いものを超指向性と呼びます。超指向性マイクロホンは，雑
音が多い中で特定の音を収録するために用いられます。超指向性マイク
ロホンは，スポーツの中継などでも重宝されます。双指向性というのは，
8の字型の指向性を有するもので，対談などに使います。

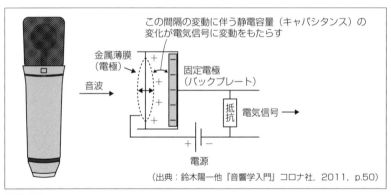

（出典：鈴木陽一他『音響学入門』コロナ社，2011，p.50）

図7-19 コンデンサ・マイクロホンとその原理

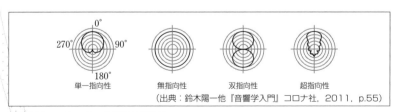

（出典：鈴木陽一他『音響学入門』コロナ社，2011，p.55）

図7-20 マイクロホンの各種の指向性

7.18 テクノロジーの発展は音楽も変えた：現代音楽からメディア・アートへ

電気・電子工学，デジタル技術などの発展に伴い，新しい楽器が次々生まれ，音楽制作を支える環境を激変させ，またオーディオ機器の発展をもたらしました。このような技術の発展は，音楽を支える側を変容させたのみならず，音楽芸術そのものに新しい流れを作りだしました。

20世紀以降の音楽の特徴

20世紀までの音楽は，作曲者が作った楽譜を，演奏者が演奏して，聴衆に伝わるといった伝達がなされてきました。また，曲作りも，調性に従ったものが中心でした。20世紀以降の音楽の特徴は，調性の崩壊と素材の拡大であるといわれています。調性が崩壊した状況は，12音技法，ミュジック・セリエル（強弱のパターン，音符の種類，音色にも12音技法の原理を適用した手法）など，伝統的な和声体系に基づく方法論とは異なった音楽表現法を生み出しました。また，テクノロジーの発展は，発振器や録音機といった音素材を音楽に提供し，ミュジック・コンクレート，電子音楽などを生み出しました。

ミュジック・コンクレート，電子音楽の特徴は，伝統的な楽器に頼らず，音楽を作り出すことです。ミュジック・コンクレートではテープに録音した現実の音，電子音楽では発振器の音を素材にして，音楽作品を制作します。こういった20世紀以降の新しい音楽は，従来のメロディ，ハーモニー，リズムといった音楽の3要素のスキームでは，まったく理解できません。音そのもので，聴取者に訴えかけます。このような音楽における作品の制作は，作曲というより，「音作り」あるいは「音のデザイン」といった方がふさわしいかも知れません（10.9節参照）。

その後，コンピュータの進化とともに，コンピュータ・ミュージックが発展してきました。コンピュータ・ミュージックにおいても，楽譜の情報をもとにした音楽演奏音の合成からその歴史は始まっていますが，その後，音で直接訴えるような作品が生み出されてきました。

音楽の枠組みを超えたメディア・アート

空間音楽的試みも多くなされました。音楽制作は，音場の構成も包含するようになり，音作りの対象を拡大してきました。空間音楽的試みの効果を活かすために作りだされた多チャンネル・システムをアクースモニウムといい，今日でも使用されています。

MAX のような作曲支援ソフトウェアが充実してくると，さらに斬新な音作りが行われ，映像などと融合した作品や，視聴者とのインタラクションを重視した作品も生まれ，音楽という枠組みでは捉えきれない状況が生じ，メディア・アートと呼ばれる芸術分野が生まれました。メディアアートの制作者は，サウンド・クリエータとも呼ばれ，作曲家とは異なる存在として認知されています。サウンド・クリエータは，作品制作のために，プログラミングや装置の製作なども行い，芸術的な感性とともに新しいテクノロジーにも精通した存在です。

第 **8** 章

映像メディアにおける
音の役割

　映画やテレビのような映像メディアは，映像だけでは成り立ちません。必ず「音」を伴っています。音は，時には映像に寄り添い，ときには映像と対峙し，私たちの心をゆさぶります。音は，ストーリーを語り，リアリティを作り出し，映像作品に命を与えているのです。

　本章では，映像作品の中で用いられる効果音や音楽が果たす役割や機能について，多角的に解説します。本章を読まれたのちに，映画やテレビをご覧ください。インターネットの動画サイトでもいいでしょう。映像メディアに活かされている音のチカラを実感していただけると思います。

8.1 映像メディアに活かす 音のチカラ

映画やテレビのような映像メディアは,映像だけでは成り立ちません。必ず「音」を伴っています。映像作品に加えられている音は,俳優の台詞や足音,環境音などのように映像に表現された対象から出てくる音だけではありません。映像作品の中で表現された世界には存在しない効果音や音楽が,映像表現の効果を高めるために用いられているのです。

サイレント映画における「音」

音のないサイレント（無声）映画時代においてさえも,映画が上映される際には,弁士の解説だけではなく,楽士（演奏家）の演奏やスクリーン裏の音響効果装置から発生する効果音が活用されていました。

宮沢賢治の代表作である『セロ弾きのゴーシュ』という童話の冒頭部を 図8-1 に示します。主人公のゴーシュは町の活動写真（映画）館でセロ（チェロ）を弾く演奏家でした。童話の主人公の職業に設定されるほど,映画を上映するときに音楽を演奏する演奏家がいることが一般的だったのです。その当時,音楽は,その演出効果もさることながら,うるさかった映写機のノイズをマスキングする役割も担っていました。その後,音と映像を同期させて記録した映画が上映できるようになってからは,制作段階で音の効果を演出することが可能となり,多彩な手法で音が映像作品の中で用いられるようになりました。

映像メディアでの音の機能は多岐にわたる

映画やテレビ番組などで用いられる効果音や音楽は,シーンを強調したり,登場人物の気持ちを表したり,場面の状況を伝えたりと,さまざ

まな演出効果を担っています。

　登場人物の心理的なショックを表すのに，「バーン」という効果音を鳴らします。見えていない波の音やカモメの鳴き声が，海辺の町の雰囲気を醸し出します。アクション映画などのカーチェイスの場面では，テンポの速い音楽で興奮をあおります。ホラー映画では不気味な効果音や音楽で，恐怖感を増大させます。恋愛ドラマのラブシーンでは，ロマンティックな音楽を流すことによってムードを盛り上げます。

　シーンとシーンのつなぎに，効果音や短い音楽が用いられることもあります。細切れのシーンを組み合わせて物語の経過を説明するような場合，同一の音楽でバラバラのシーンに統一感を持たせることができます。このように，映像メディアで用いられる音の機能は多岐にわたります。

図8-1 宮沢賢治『セロ弾きのゴーシュ』の冒頭

> ## セロ弾きのゴーシュ
> 宮沢賢治
>
> ゴーシュは町の活動写真館でセロを弾く係りでした。けれどもあんまり上手でないという評判でした。上手でないどころではなく実は仲間の楽手のなかではいちばん下手でしたから、いつでも楽長にいじめられるのでした。…

8.2 映像作品の世界では 音も演出されている

　映像作品を制作するとき，撮影現場で録音した音を用いる場合においても，撮影現場で録音した音をすべてそのまま用いるわけではありません。ストーリーに必要な音が欲しい場合，撮影した現場に存在していなくても，他の場所で用意してその音を入れます。逆に，ストーリーに不要な音は，現場に存在した音であっても消去します。音にもドラマがあり，演出があるのです。

　山の風景のシーンでは，鳴いてなくても，鳥の鳴き声を入れることがあります。その方が，山深い風景の中で，自然を感じさせることができるからです。映像だけでは表現が十分でない場合,音のチカラは欠かせません。

　列車の走行シーンで警笛の音を入れるのも，現実感を出すためです。刑事ドラマで捜査のために列車に乗り込む場面では，場面転換のキッカケとして警笛の音がよく使われています。定年目前の鉄道員の人生を描いた『鉄道員』では，何度も蒸気機関車の走行シーンがあり，汽笛の音も効果的に使われていました。

　俳優に主役や脇役といった序列があるように,音にも序列があります。アクション映画の，主人公が悪人グループと銃を撃ち合うような場面では，主人公の銃の音だけは際だたせるのです。

　同じ音が鳴り続く場面では，音にメリハリをつける演出が行われることもあります。例えば，雨が降り続ける場面では，場面の転換に合わせて，大きさやトーンを変えて，時間の経過を表現するのです。

架空の音が使われることも

　SF 映画，ホラー映画などでは，まったくの架空の音をイメージして

作る必要もあります。宇宙人の声，怪獣の鳴き声など，実際にはだれも聞いたことがありません。そんな音を，いかにもそれらしく作り出すのです。『ジュラシック・パーク』では，さまざまな動物の鳴き声を組み合わせて，リアリティあふれる恐竜の叫び声を作り出しました。この叫び声が，コンピュータ・グラフィックスで作った恐竜を本物らしくみせたのです。

　宇宙空間で宇宙船や隕石が飛んでいるシーン（ 図8-2 ）で「ヒュー」と鳴る効果音がつけられることもありますが，これも架空の音です。宇宙空間は真空ですから，音は出ないはずです。宇宙空間で繰り広げられる戦闘シーンでの砲声も，聞こえないはずです。しかし，音がした方がリアリティが感じられるので，あえて物理法則を無視した音の演出がされているのです。

　音には，空間の情報（位置情報）を伝える機能もあります。映像の中で展開されるのが部屋の中のシーンであっても，波の音が聞こえると，建物が海辺に面したものであることが分かります。海辺の別荘のシーンであれば，このような環境音は欠かせません。アパートの中で，電車の走行音が聞こえてくるといった音の使い方も，ドラマではよくあります。映像に映っていない状況の情報を音で伝えることによって，表現された映像空間に奥行きや広がりを与えることができます。

図8-2　宇宙空間を飛んでいる隕石に「ヒュー」と鳴る効果音を付加する音の演出

8.3 演出効果のある環境音

　映像作品には，登場人物の暮らす空間での生活音，周囲の自然音，街の雑踏などの環境音も多く含まれています。これらの音は，現実の世界でも存在する音です。映像の世界でも存在するのが当然です。しかし，映像の世界の環境音は現実の世界の環境音とは異なり，ストーリー展開の上で重要な意味を担う場合もあります。映像作品には，現実の世界に存在しない効果音や音楽と同様，演出意図に基づいて挿入された環境音（演出的環境音）も多く用いられています。

場面の盛り上げに寄与する環境音

　演出的環境音は，ショックを受けた場面で聞こえる雷の音，キスする男女の背景に打ち上がる花火の音，公園での会話シーンで聞こえる工事の音，主人公が銃撃を受ける直前の鳥の鳴き声や羽ばく音，証拠の音声の入った録音機を踏みつぶす音，電話をかけるシーンで聞こえてくる自動車のクラクションなどのように，物語の世界に実際に存在する音です。これらの演出的環境音が，登場人物の心情を伝え，その場面をより印象的なものにし，場面の盛り上げに寄与するのです。

　演出的環境音は，一般に，スロー再生やカメラワークなどの映像表現による演出が施された箇所に付加されます。このため，残響音を付加する等の音響処理を行い，その存在を際立たせることにより，演出的環境音の効果を高めることができます。

音に物語を語らせる

音で物語を終えるという演出も効果的です。北野武監督の『HANA－BI』は，主人公夫婦の死で物語が終わります。しかし，物語に余韻を与えるために，あえて死の場面を見せず，美しい海辺の映像と流れるような音楽の中，2発の銃声で夫婦の自殺を告げるのです（ネタばれ，すみません）。イタリア映画『ライフ・イズ・ビューティフル』も状況は違いますが，主人公の死を銃声で告げる点で，同じ手法を使っています。あえて視覚に訴えず，音に物語を語らせるこれらの映画においては，音が主役を演じているともいえます。

伏線としての音

音が物語に隠された秘密の伏線になっている場合もあります。『化粧師（けわいし）』では，主人公が聴覚障がい者であることが，物語のクライマックスで告げられますが，そのことをいくつかの物音が予感させます。主人公が決して電話には出ないことを友人の床屋が告げるシーン，主人公に思いを寄せている近所の飯屋の娘が持ってきた天丼を床に落としても気づかないシーン，花火が始まっても飯屋で黙々と食事を続けるシーン，警官に呼び止められても無視して立ち去ろうとするシーンなどです。飯屋の娘は，事実を告げる役割を担っているのですが，その場面になって，それぞれの音が語っていたものに気づかされます。

街中の環境音が混乱した精神状態を表現する

街中にあふれる音が，混乱した精神状態を表現することもあります。『明日の記憶』では，若年性アルツハイマー病を患う主人公が都会のど真ん中で道に迷って混乱している状況を，自動車の走行音，クラクション，サイレンなどが混然一体となって動きまわる環境音の演出とともに描いています。

8.4 しずけさの音，無音のテクニック

　「しずけさ」の演出に音を使うこともよくあります。水道の蛇口から水がしたたり落ちる音，小川のせせらぎ，時計の音，木の葉が擦れあう音など，かすかな音を強調することによって，しずけさを作り出すことができるのです。

　しずけさの強調は，その場面のおだやかな雰囲気を演出するとともに，そのあとに鳴る音に焦点を当てる効果もあります。時計が「チチチ」と静かに時を刻んでいる最中に，突然，電話の呼び出し音が鳴り響くと，その後の展開を予感させるほどに，電話の呼び出し音が強調されます。

音の切断による心理的ショック

　映像作品では音をまったく入れないことも可能ですから，あるシーンを完全に無音のままにした「音の切断」を積極的に利用することもあります。それまで聞こえていたシーンの音を，突然に切断するのです。人間は，轟音の中で突然音を切断すると，強い心理的ショックを受けます。この効果を利用することにより，緊張感のある時間を作り出すことができるのです。

　『踊る大捜査線 THE MOVIE 2 レインボーブリッジを封鎖せよ！』では，犯人を追い詰める婦人警官が銃で撃たれる場面に，音の切断の手法が使われています。彼女が撃たれたあと，完全に無音の状態がしばらく（約45秒）続きます。音を入れ忘れたのでも，制作費をけちったわけでもありません。観客に強いインパクトを与えるためです。喧噪な追跡シーン直後の音の切断は，心理的ショックを作り出すのに効果的です。

8.5 リアリティを演出する効果音

テレビや映画などの映像メディアでは，アニメーションやコンピュータ・グラフィックスを用いた映像表現が多用されています。そのような映像はバーチャルなもので，実体はありません。いくら精緻に制作しても，映像表現だけではリアリティに欠けます。音は，こういったバーチャルな存在にリアリティを与えるチカラを持っています。

実際にはしない音がリアリティを与える

例えば，**図8-3** のように，血管を伝わって人間の脳に栄養分が伝達される様子を説明するのに，アニメーションで栄養分が移動するところを見せられると，その様子が分かりやすくなります。このような映像の栄養分の移動に合わせて，「ヒューヒュー」と効果音を付加すると，移動する実感を持たせることができます。実際には，体内でそんな音はし

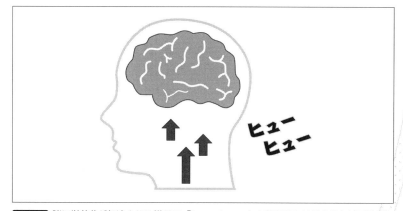

図8-3 脳に栄養分が伝達される様子に「ヒューヒュー」と効果音を付加するとリアリティが生ずる

ません（そんな音がしていたら，うるさくてしょうがないですよね）。しかし，効果音がない場合よりも，効果音を付けた場合の方が，はるかにリアリティのある移動感が得られるから不思議です。

現実の世界においては，動くものは，必ずエネルギーを消費します。その際，何らかの音を発生します。自動車，船舶，飛行機などがいい例でしょう。また，動きに伴い，周囲の環境にも影響を及ぼします。空気中を速く移動すると，風切り音が発生します。水上だと，水が飛び跳ねる音が発生します。これらの現実の状況に対して，人工的に作られた映像においては，動きに伴う音は存在しません。風切り音のような音が生ずることもありません。そのため，映像だけの表現は，リアリティが乏しく感じられるのです。そこに音を付加することにより，現実の世界に近い状況を作り出し，仮想のリアリティを創出することができるのです。音のチカラが，移動している様子をリアルにするのです。

テロップを印象づける音

映像メディアでは，テロップと呼ばれる映像上で合成した文字情報を提示して，強調したい内容を正確に伝え，かつ印象づける工夫がなされています。テロップの出現方法はさまざまですが，テロップの機能を高めるために，その出現に合わせて効果音が付加されています。テロップの出現や移動のしかたに合わせて効果音を付加することにより，バーチャルな存在に過ぎないテロップの映像が実際に存在しているかのような感覚が生じます。

そのことを実感させるテロップが， 図8-4 （上）に示すような文字が1文字ずつ出現するのにあわせて，「ダッダッダッダッ」と効果音が鳴るパターンです。これは，タイプライタで文字を打つ状況を模擬したテロップ・パターンで，効果音によってリアリティのあるテロップ・パターンになります（若い人は，タイプライタを見たことがないかもしれませんが）。 図8-4 （下）に示すような画面の外から文字が中央に飛んでくるようなテロップ・パターンには，「ヒュー」という風切り音のような効果音を加えることで，リアリティが伴う移動感が形成されます。

回転をするように出てくるテロップには,「ワンワンワン」とピッチが
周期的に変化する効果音を加えることで,回転運動の効果が高まります。

シーンが切り替わる音

　テレビ番組などで,ある映像シーンから別の映像シーンへ場面を転換
するとき,さまざまな切り替えパターンが用いられます。切り替えパター
ンでは,前の映像を残しつつ,新しい映像が少しずつ現れながら切り替
わります。映像の切り替えパターンは実体のないものなので,もともと
音はありません。しかし,無音状態での映像の切り替えパターンからは,

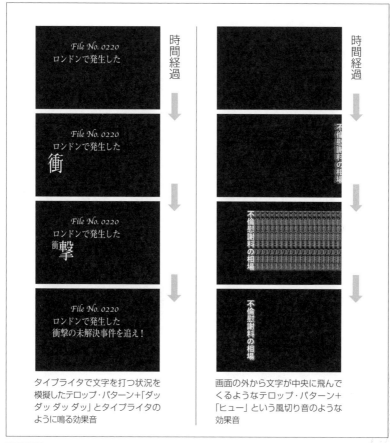

タイプライタで文字を打つ状況を模擬したテロップ・パターン+「ダッ ダッ ダッ ダッ」とタイプライタのように鳴る効果音

画面の外から文字が中央に飛んでくるようなテロップ・パターン+「ヒュー」という風切り音のような効果音

図8-4 テロップ・パターンの例：時間経過に伴う映像の変化を示す

リアリティが感じられません。そこにリアリティを与えるために効果音が用いられています。効果音が動力源を連想させ，現実世界のように，エネルギーを使って映像シーンを動かしたかのようなリアリティが得られるのです。

　映像が移り変わる実感を得るためには，映像の切り替えパターンにマッチした音の変化パターンを組み合わせることが効果的です。 **図8-5** （左）に示すような新しい映像（黒色の領域）が画面の下端から上昇して古い映像（灰色の領域）と切り替わるような切り替えパターンには，ピッチが連続的に上昇するスイープ音がマッチします。対称的に，ピッチの下降スイープ音は， **図8-5** （右）に示すような画面の上端から下降して切り替わるパターンとマッチします。

鼻の穴を膨らませる音?

　テレビ・ドラマ『グッドパートナー　無敵の弁護士　第8話』における裁判シーンにおいて，「主張に納得すると鼻の穴を膨らませる癖のある」裁判官が登場します。人間が鼻の穴を膨らませても，音を発するようなことはありません。しかし，このドラマでは，この裁判官が鼻の穴を膨らませる際に，その鼻を大写しにするとともに大げさなイメージ音（効果音）が付加されています。冷静に考えると不自然な音ですが，音のチカラによりドラマの展開上重要なこのシーンが印象的になり，強い盛り上がりが感じられます。

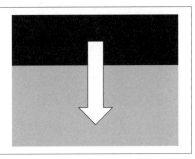

図8-5 新しい映像（黒色の領域）が画面の下端から上昇して古い映像（灰色の領域）と切り替わるような切り替えパターン（左），画面の上端から下降して切り替わる切り替えパターン（右）

楽器の分類と
そのしくみ

電子楽器から
DTMへ

映像メディアに
おける音の役割

サウンドスケープ

音のデザイン

8.6　チャンネルはそのまま：テレビで多用される効果音

　テレビ番組，特にバラエティ番組や情報提供番組では，ドラマ以上に効果音が多用され，視聴者の注意を引きつけます。効果音以外にも音楽も利用されますが，ジングルと呼ばれる短い音楽が多用されることがテレビ番組の特徴です（CM の前などに，よくジングルが鳴らされます）。

　ニュース番組では，テロップや切り替えパターンが多く使われていますから，効果音も多用されています。映像を指し示すキャスターの指示棒にあわせて，効果音を出すこともあります。資料映像を提示するときには，背景に音楽を流します。スポーツ・コーナーに移る際には，派手な音楽で盛り上げます。

　クイズ番組では，正答に「ピンポン」，誤答に「ブー」と鳴る効果音を用い，回答の時間が迫っていることを「チチチチ」と時間を刻む音で緊迫感を演出します。また，賞金がかかった場面の正答には，ファンファーレが用意されています。これらの音はありがちですが，そういった定番の音の利用で番組の展開を分かりやすくしつつ，番組を盛り上げているのです。

視聴者に刺激を与え続ける

　これらの効果音や音楽は，なくても別に困りません。番組の進行にも影響を与えることもありません。見方によれば不要な音です。しかし，番組を盛り上げ，視聴者の興味を引きつけるためには欠かせない存在となっています。テレビの視聴者は気まぐれです。番組に退屈すると，ただちにチャンネルを変えてしまいます。「チャンネルはそのまま」に保つため，効果音や音楽を多用して視聴者に刺激を与え続けるのです。

8.7 ナマオトの効果：
本物の音よりも本物らしい音

　現実に存在する音でも，そのままの音を使うより，別の音を使った方がリアリティを高めることができる場合が結構あります。現実の音というのは，概しては迫力がなく，つまらないことが多いのです。

作りものの「ナマオト」

　伝統的な手法ですが，柳行李に和紙を貼って柿渋を塗った箱状の容器に小豆を入れ，左右にゆらすと波の音が作ることができます。貝殻の溝のある面どうしをこすり合わせると，カエルの鳴き声を作ることができます。雪の道を歩くシーンでは，　図8-6　に示すように木綿の袋に片栗粉などを入れて手でもむと，「キュッキュッ」と雪を踏みしめる音ができあがります。病室のモニタで聞こえる病人の「トック，トック，トック」という心臓の鼓動の音は，ペットボトルの中に小型マイクを入れ，ペットボトルをリズミカルに押すことでできあがります。臨終間近なシーンでは，ペットボトルを押すペースを「ゆっくり」にすればいいのです。

　乱闘シーンで人間を殴る場合には，ぬれたタオルで皮のソファを叩いたり，ぬれた雑巾を拳で叩いたりして，音を作ります。生肉を使うこともあります。実際に殴り合っても，あんな派手な音はしません。殴り合う音をそのまま使っても，もの足りない乱闘シーンにしかならないのです。

　骨を折る音も，当然作られたものです。ベニア板，割り箸などを薄目の布で巻いて折った音が使われています。セロリをねじるという技もあります。俳優の骨を折るわけにいかないので，効果マンが骨を折っているのです。時代劇のチャンバラ（殺陣）の場面における人を切るときの

音，血が吹き出るときの音も，やはり作りものです。

　足音とか洋服の衣擦れの音なども，俳優の出す音をそのまま使わずに，別に録音した音を使うことも結構あります。ドアの閉まる音も，シーンや状況にあった音にするために，効果音用の録音スタジオにはさまざまなドアが設置されています。

　こういった作りものの音は，擬音（ぎおん）とかナマオトとか呼ばれ，ナマオト作りのための道具も多く開発されています。ナマオトのルーツは，演劇で使われる効果音で，ナマオトは初期のラジオ・ドラマなどでも使われていました。その後，各種の楽器，電子機器，電子楽器，録音機，エフェクタ，さらにはコンピュータなどが導入され，多彩な効果音が利用できるようになりました。

　また，膨大な効果音ライブラリなども整備され，効果音作成の効率化が図られてきました。ただし，ライブラリの音だけではどうしてもありふれた表現になりがちなので，オリジナリティのある音作りのためにはナマオトのようなテクニックは欠かせません。

図8-6　木綿の袋に片栗粉などを入れて手でもむと，「キュッキュッ」と雪を踏みしめる音ができあがる：ナマオトの例

8.8 笑いの神を降臨させる音：音で笑わされている

　テレビの子供向けアニメやバラエティ番組などでは，おかしさを強調する効果音や音楽が多用されています。こうした笑いを誘発する音は，面白コンテンツを制作するためにはなくてはならない要素となっています。

　ハリセンを使って人を叩くときに「ビシッ」「バシッ」と大げさな音を加えて，「つっこみ」を強調します。ギャグが滑ったときには，カラスの鳴き声やお寺の鐘の音で虚しさを強調し，逆に面白い場面に転換します。おかしさを強調するためにユーモラスな音楽，失敗した悲劇をより強調するための悲しげな音楽を組み合わせることもあります。

誇張音とイメージ音

　お笑い系の映像コンテンツに使われる効果音には，転んだりぶつかったりするときの音を誇張しておおげさに表現した誇張音と，実際には音がしないモノ（人間，動物，乗り物，物体，キャラクターなど）の動きを音で表現したイメージ音があります。誇張音，イメージ音を加えることで，面白さ，おかしさが強調され，笑える場面が構成されるのです。

　面白おかしい場面を視聴者がテレビ局に提供する投稿ビデオでは，投稿された映像素材をそのままの状態ではなく，誇張音やイメージ音を付加して放送しています。子どもが滑って転んだ場面には，「ドシン」とまるで天地がひっくり返ったような誇張音を付加して，失敗したありさまのおかしさを強調します。動物のユーモラスな動きを捉えた映像では，動物の落ち着きのない動きを際立たせるための「ヒュー」「ヒュー」といったイメージ音を付加して，ユーモラスな様子を強調します。視聴者

は，音で笑わされているのです。

悲劇性を強調する音楽

　音楽を用いたユニークな例として，少年が誕生祝いのケーキのろうそくを吹き消そうとして，兄に横から吹き消されて残念そうに放心している様子の映像のあとに，バッハの『トッカータとフーガ ニ短調』の音楽を加えるといった使い方があります。この映像素材は悲劇的な内容の素材で，加えた音楽素材も「暗く」「悲しい」印象です。バッハが意図したわけではないでしょうが（たぶん），この曲は表現内容の悲しみを強調するために利用されることが多く，悲劇的状況をシンボリックに表現する曲として利用されています（替え歌歌手として活躍する嘉門達夫の『鼻から牛乳』の「チャラリ～鼻から牛乳」のメロディがいい例です）。この音楽が映像内容の悲劇性を強調し，「人の不幸は蜜の味」的な人間のもつ意地悪な感情と利己的な優越感が，笑いを誘発したものと考えられます。サラサーテの『ツィゴイネルワイゼン』も同様の効果がある曲で，悲劇的なシーンでよく利用されています。

オチとして機能する音楽

　ボウリング場で球を投げると，レーンに突然ゴールキーパーが現れ，次々と球をブロックしてしまうという面白コンテンツで，ゴールキーパーの登場とともに，『FIFA Anthem』を流すといった音楽の使い方も効果的です。『FIFA Anthem』の曲がサッカーを連想させるシンボリックな曲であることが，面白さを増大するのです。音楽がオチとして用いられているといってもいいでしょう。

8.9 音と映像の同期の効果： シンクロのチカラ

　映像作品には，必ずといってもいいほど音楽が付加されています。音楽は，映像で表現された内容を強調したり，映像では表現できない部分を補完したり，異なる場面を自然に，あるいは印象的につなげたりと，さまざまな機能を担っています。

　映像に組み合わせる音楽制作の手法もいろいろとありますが，その一つが，映像の動きに同期させて，メロディ・ラインやリズム・パターンを付加することです。音と映像を同期させるのです。音と映像を同期させることにより，映像で表現された対象の動きをなめらかにしたり，動きにアクセントを与えたりすることができます。

音と映像を同期させるミッキーマウシング

　ディズニーのアニメーションに『ファンタジア』という，クラシックの名曲にアニメーションをつけた作品集があります。もともと映画でしたが，現在はブルーレイディスクや DVD でも販売されています。オリジナルの映画は 1940 年に制作された作品ではありますが，今でも十分楽しめるだけのクオリティを持っています。どの作品においても映像と音楽が絶妙にマッチしていますが，各作品で音と映像の同期の効果（シンクロのチカラ）が実感できます。

　『ファンタジア』の中の『魔法使いの弟子』では，弟子役のミッキーマウスの動きが，音楽とみごとに調和しています。音楽が映像の動きにピッタリと合って，物語が進行します。ミッキーの動きのアクセントも，これと同期した音のアクセントで自然に捉えることができます。さらにこの作品では，映像の動きが，音楽の構造の理解を助けることも実感で

きます。ミッキーの動きに注目することで，メロディ・ラインを鮮明に聴きとることができるのです。映像の動きが，音楽構造の理解を助けてくれるのです。

　映像の動きに音を同期させて組み合わせる手法は，ディズニーのアニメーションで多用されてきました。そのため，ディズニー・アニメの人気キャラクターであるミッキーマウスの名前を借りて，音と映像を同期させる手法は，ミッキーマウシングと呼ばれています。ミッキーマウシングは，アニメにリアリティを与え，観ている人を引き込むのに効果的です。

　ディズニーはさらに，映像のアクセントに対する同期アクセントとして，効果音を添えるという手法も併用しています。この手法は，コミカルな動きを演出するのに効果的です。『サンタのオモチャ工場』という作品で，その典型例を見る（＋聴く）ことができます。おもちゃ工場のラインで出されるさまざまな作業音が，この映像に組み合わされた音楽と同期して，リズム楽器のように鳴り響きます。この作品は，子供向きのもので，リズムに乗せ，いかにも楽しげな世界に引き込み，飽きさせないように工夫をこらしているのです。

　ミュージカル映画の『ダンサー・イン・ザ・ダーク』では，工場内の機器の動作音が音楽のように鳴り響く場面があります。この音に合わせて，工場で働く主人公たちが，歌い，踊ります。音と映像の同期の効果がみごとに活かされています。重い内容をあつかった映画ですが，ここだけは明るく楽しい場面です。

　ウオルト・ディズニーは，サイレント映画からトーキーの時代になって，音と映像のシンクロのチカラを実感したのでしょう。映像の動きと同期して音が記録できる技術を最大限活かす手法を編み出し，活用したのです。ディズニー映画の音楽の使い方は，その後，多くの映像作品に影響を与えてきました。ただし，ミッキーマウシングの効果はディズニーのイメージが強すぎて，その手法を敬遠する監督もいました。

音楽的には無意味でも

　ライブ演奏における演奏者のアクションにも，ミッキーマウシングと同様の効果があります。 図8-7 に例を示しますが，ロック・バンドのギタリストの動きを思い浮かべてみてください。「ギュイーン」と音を引き伸ばすときに大きくのけぞってみたり，口を馬鹿みたいに開いてみたり，しゃがんでみたり，エンディングのコードを弾くときに飛び上がってみたりと，激しいアクションをしながら演奏します。こんなアクションは，音楽的には，まったく無意味です。しかし，聴衆を熱狂のるつぼに巻き込むためには非常に効果的です。アクションによって，音のノビや迫力が違って聴こえるから不思議です。

図8-7 大きくのけぞり，口を開いて演奏をするギタリスト

8.10 音楽のムードの利用：寄り添う，ずらす

音楽の醸し出すムード，情感を利用して，映像を語らせる作品もたくさんあります。音楽のもたらす安らかなムード，緊張感といったものが，登場人物の気持ちを代弁したり，場面の状況を説明したりするのです。

音楽に泣かされている

同じ映像でも音楽を変えると，映像から感じられる印象がガラッと変わります。短調の音楽だと陰気な感じの映像が，長調の音楽に変えるだけで陽気な感じになります。短調の音楽は悲愴な状況を表現するのにも効果的です。アクロバット飛行を行う戦闘機の映像に長調の音楽を組み合わせたときには航空ショーの様子を普通に楽しめますが，短調の音楽に切り替えると飛行シーンに悲愴感が漂い，戦闘機が墜落しそうな予感がして心配になってしまいます。映画の予告編で，「全米が泣いた」とかのベタなキャッチフレーズが使われることがありますが，実は音楽で泣かされているのです。

映像作品を視聴するとき，私たちは映像を見ながらストーリーを読み解くのですが，このときに聞こえてくる音楽から受け取る印象が，ストーリーの解釈に影響を及ぼすのです。 図8-8 に示すように，映像から読み取った解釈と音楽から感じられる印象が心の中で共鳴して，ストーリーが組み立てられるのです。音楽には，映像内容の解釈の方向を決定（印象操作）するチカラがあるのです。

寄り添う音楽

『スノーマン』という，せりふはいっさいなく，音楽のチカラでストー

リーを展開するアニメーションもあります。『スノーマン』の最初の部分に，少年が目覚めて，雪が積もっていることを見つけ，外に飛び出してはしゃぎまわるシーンがあるのですが，少年のうれしそうな様子が音楽で表現されています。

　音楽のムードを用いる手法で，基本的な用法は，映像のムードと音楽のムードを合わせることです。韓国映画『猟奇的な彼女』（誤解を与えかねないタイトルですが，内容は心温まるラブ・コメディです）の主人公カップルが脱走兵と関わるシーンは，音楽のムードの効果を実感させてくれます。シーンの状況と登場人物たちの気持ちのめまぐるしい変化に合わせて，音楽が次々と展開していきます。主人公カップルの男性が脱走兵に捕らえられ，追手の軍隊に取り囲まれる緊張感あふれるシーンでは，重苦しい音楽が流れます。男性と脱走兵が足早に移動すると，音楽のテンポも速まります。そして，カップルの女性が現れて涙ぐみながら脱走兵を説得するシーンでは，しんみりとした音楽が流れます。脱走兵がそれに応じて投降し，一難去って，カップルの女性が男性の言動を問い詰めて平手打ちをくらわすシーンでは，ユーモラスな音楽でほっとさせてくれます。音楽は，観客をぐいぐいと物語に引き込むパワーの源として機能しています。

　ディズニーの『ファンタジア』が，音と映像の同期の効果を実感できる好例であることを 8.9 節で述べましたが，多くの作品で音と映像の印象の一致の好例にもなっています。『禿山の一夜』では，陰気で緊張感のある音楽と映像が組み合わされて，作品全体を通して不気味な雰囲気

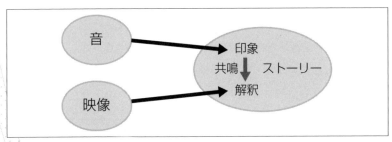

図8-8　映像から読み取った解釈と音楽から感じられる印象が心の中で共鳴してストーリーが組み立てられる

をかもし出しています。『威風堂々』では，音楽がのんびりとした印象から，スピード感，緊張感が出てきて，最後に陽気な印象へと変化するのですが，映像のシーンの印象とぴったりとマッチしています。

ずらし，ときには欺く音楽

音楽がかもし出すムードの利用は映像に寄り添うことが一般的です。ただし，常に音と映像のムードが一致し続けていては，単調な映像作品になり，視聴者は退屈してしまいます。作品のメリハリをつけるために，意図して音と映像のムードが一致しない組み合わせの場面を挿入することもあります。音と映像のムードを少しずらすことも効果的です。

音と映像のムードを少しずらす手法の一つが，予告的手法とでもいうテクニックです。次に来る場面が予測できるような音楽を前もって流すのです。今は幸せだけど，次に不幸せな結末が待っているとき，楽しげな音楽が流れている幸せなシーンの後半に，悲しげな音楽を流します。この手法では，視聴者にある程度予感を持ってもらった上で，ストーリーを展開するのです。

予告的手法はホラー映画などで，よく用いられています。日常何気ないシーンが展開されていときに，何だか不気味さを感じさせる音楽が流れます。普段と変わりなく主人公が立ち寄った友人宅で，主人公が見たものは…。ここで，ショッキングな不協和音のフォルティシモ !!!　そして，友人が血を流して倒れていた。よくあるパターンですが，恐怖感を煽るのには効果的な手法です。サスペンスなどでも犯人を予感させるために少し不気味な音楽を流すことがありますが，実は真犯人は別人だったというオチも多いので，音楽で欺く手法になっていることもあります。

予告的手法が用いられるのは，音楽だけではありません。屋内でのシーンでなんの関連もなく波の音が流れてきて，その後海辺のシーンに切り替わるという，環境音が先行して流されるという使い方もあります。この使い方においても，突如流れてきた違和感のある環境音の謎が，その後のシーンで解決されることで，シーンの転換が印象づけられる効果があります。

8.11 音と映像の対位法

　音楽がもたらすムードと映像のムードを対比させるのも，ときには効果的です。このような手法が「音と映像の対位法」と呼ばれる手法です。

黒澤監督による音と映像の対位法

　日本を代表する映画監督であった黒澤明監督が好んでこの手法を用いていました。この手法では，音と映像それぞれの展開をまったく異なる流れとして捉え，それらを同時進行させるのです。例えば，悲惨で暗い場面に，明るい音楽を組み合わせます。そこに，音だけ，映像だけの場合の効果と違った，音と映像が掛け合わされたまったく新しい効果が生まれるのです。

　音と映像の対位法の手法は，黒澤明監督の『野良犬』で体験できます。この作品の刑事と犯人が対峙し，犯人が刑事に発砲する緊張感のあるシーンで，のんびりとした印象のピアノの練習曲（『ソナチネ』）が流れてきます。このシーン中に音楽が流れない部分があるのですが，家の中でピアノを弾いていた女性が窓の外を眺めるシーンが挿入されています。さらに，刑事が犯人を捕らえた壮絶なシーンに，子供たちが歩きながら楽しそうに歌う『蝶々』の合唱が流れてきます。この場面でも，陰気な印象の映像と陽気な印象の音楽が組み合わされ，音と映像のムードが対立しています。

　音と映像の対位法の効果を十分に引き出すためには，音楽の音源が映像の世界に存在することが必要とされます。黒澤監督は，ピアノを弾く女性や合唱する少年たちのように，音源を画面上に登場させて，映像とマッチしない音楽が存在してもおかしくない状況を設定したうえで，音

と映像の対位法を用いているのです。映画が作り出す物語の世界の中で流れる音楽に違和感を持ちつつも，音源が存在することで物語としての整合がとれ，映像作品の深みが増すのです。

他の監督による対位法の例

その後，音と映像の対位法の手法は，多くの映画監督が用いるようになってきました。スティーブン・スピルバーグ監督の『マイノリティ・リポート』の，ショッピング・モール内で男女が逃走する緊迫したシーンでは，穏やかでゆったりとした『ムーン・リバー』を流す演出がされています。ただし，『ムーン・リバー』がショッピング・モールに流れる BGM であることが分かるように，わざと音質を悪くしています。

庵野秀明が監督した『ヱヴァンゲリヲン新劇場版：破』では，緊張感あふれる戦闘シーンに，おだやかな印象の『今日の日はさようなら』や『翼をください』の曲が使われていて，話題を呼びました。これらの場面では，黒澤監督の作品とは異なり，音源は画面上に存在していません。ただし，『今日の日はさようなら』の場面では，感覚的なレベルでは音と映像のムードが対立しているのですが，音楽の「別れ」のイメージと映像の「死別」のイメージのように共通するイメージが存在し，より高次のイメージのレベルで音と映像のイメージがマッチしているのです。『翼をください』の方は，映画のクライマックスの場面で用いられているのですが，音楽の「空に羽ばたくような」希望的イメージによって，結末の印象を希望的なものにする効果をもたらしています。

8.12 定番曲で状況を伝える

　日本人なら誰でも，『蛍の光』のメロディを聞けば，「別れ」「終わり」といったイメージを連想するでしょう。デパートやショッピング・モールで『蛍の光』やこれをアレンジした『別れのワルツ』が聞こえてきたら，閉店の合図だとすぐ理解できるでしょう。中年以上の人なら，卒業式を連想する人も多いでしょう（現在は，卒業式に『蛍の光』も『仰げば尊し』も使わないので，若い人には理解できないでしょうが）。こういった音楽から感じられる連想が，音楽の持つシンボリックな意味なのです。

　映画やテレビで，手品のシーンで『オリーブの首飾り』（ポール・モーリア作曲）が流れるという使い方は，音楽の持つシンボリックな意味を利用した音楽の使い方です。誰でも，一度や二度はそんなシーンを見たことがあるでしょう。『オリーブの首飾り』は，手品用 BGM 集の CD のタイトルになるぐらい，手品の BGM の定番曲になっています。ちなみに，『オリーブの首飾り』は，女性手品師の松旭斉すみえが好んで利用していたのが広まって，「手品の音楽」として定着したそうです。

　オッフェンバックの『天国と地獄』，カバレフスキーの『道化師のギャロップ』など，運動会で定番となっている楽曲も結構あり，これらもその曲を聞くと運動会の雰囲気が感じられます。小学校が映っているシーンでこれらの曲が流れてきたら，運動会のシーンを示さなくても，運動会が行われていることが理解できます。流れる音楽の音質をわざと悪くすると，さらにリアリティが増します。『天国と地獄』をタイトルにした運動用 BGM 集 CD も市販されています。

国が違えば通じない

　ただし，これらの話はいずれも日本だけの話で，外国では通用しません。テレビ番組や映画でこの種の音楽を聴いた外国の方々の中には，まったく気がつかない方や不思議に思われている方もおられるでしょう。

　音楽のシンボリックな意味によって，異国情緒を伝える，時代背景を感じさせるといった利用のしかたもあります。民族音楽や国を象徴する曲は，旅番組の背景音楽として効果的です。過去に流行した曲は，その曲が流れてきただけで時代を感じることができます。

バラエティ番組における定番曲

　歌の歌詞を利用することも，バラエティ番組などでは効果的です。歌詞の利用は，グルメ番組でカニを食べているシーンにパフィの『渚にまつわるエトセトラ』の「カニ食べに行こう」の部分，旅番組で温泉を紹介するシーンでドリフターズ（元はデューク・エイセス）の『いい湯だな』，ホールで自動的に椅子が収納されることを紹介するシーンに宇多田ヒカルの『Automatic』，助けが必要な場面でビートルズの『ヘルプ』，お金の絡む話題でピンク・フロイドの『マネー』を流すなど多くの例があります。いずれも一種のダジャレなのですが，いいたいことは伝わります。この手のヒット曲があると，いつまでも著作権使用料をもらえていいですね。

8.13 テーマ曲の利用

テーマ曲は，映像作品の中で意味作用を持たせた音楽です。主人公の登場と合わせてテーマ曲を繰り返し使うと，雰囲気を盛り上げることができます。

『ジョーズ』『ゴジラ』『ロッキー』『太陽にほえろ』『ミッション・インポッシブル』『タイタニック』『踊る大捜査線』などで使われている超有名なテーマ曲は，バラエティ番組，コント，物まねなどでのパロディ的用法もさかんです。テーマ曲がシンボリックな意味を担うので，パロディが成立するのです。

テレビ・ドラマなどでは，毎週同じパターンの設定で，主人公が活躍するといった場面があり，ここぞという場面でお決まりのテーマ曲を流します。何回か見ていると視聴者も展開を予測できるのですが，予定調和的な快感を得るための一要素として，テーマ曲は機能しています。シリーズ化されたドラマだとマンネリにもなりかねないのですが，同じテーマ曲を使い続けている例も多いようです。

ハリウッド版の『ゴジラ キング・オブ・モンスターズ』では，アレンジした形ですが，日本版のゴジラのテーマ曲や『モスラの歌』が使われていて，楽しませてくれました。『ミッション・インポッシブル』も，アレンジはずいぶん変わっていますが，かつて『スパイ大作戦』のタイトルでテレビ放送されていたテーマ曲を踏襲して，シニア層にもアピールしています。

繰り返し使われるライトモチーフが起源

映画のテーマ曲は，オペラで用いられるライトモチーフが起源だといわれています。ライトモチーフ（指示動機）とは，オペラなどの楽曲中において，特定の人物や状況と結びつけられて，繰り返し使われる短い主題や動機（モチーフ）を意味します。聴衆にとって，ライトモチーフは鑑賞の対象にもなっていますが，人物の区別をしたり，物語の進行を理解したりする上での手がかりにもなっています。

ライトモチーフの元になったといわれているのが，ベルリオーズが『幻想交響曲』の中で使った「夢の中で繰り返し現れる恋人の旋律」です。ベルリオーズは，この旋律のことをイデー・フィクス（固定楽想）と呼びました。この曲では，恋人が出てくるとすぐに分かるように，固定楽想が用いられました。

ライトモチーフやテーマ曲は，繰り返し使われるといっても，単純な繰り返しではなく，さまざまなバリエーションが加えられて繰り返されます。ライトモチーフやテーマ曲によって，ある人物の登場などが分かるのですが，同時に人物の状態や状況の変化も，曲調の変化で表現されます。ライトモチーフやテーマ曲は，作品の全体に統一感を与えるのにも効果的です。

8.14　ヴァルキューレの ライトモチーフ

　ライトモチーフの手法は，リヒャルト・ワーグナーによって確立されました。特に有名なライトモチーフが，『ニーベルングの指環』という楽劇（ワーグナーは自分のオペラをこう呼びます）で用いられた「ヴァルキューレのライトモチーフ」です。ヴァルキューレというのは，勇士たちを天界城へつれていく若い女神たちを指します。この曲が現れるとヴァルキューレの登場だとすぐに分かります。

　『ニーベルングの指環』という作品は，全部を上演するのに 15 時間もかかる壮大な楽劇です。そのストーリーも複雑です。ライトモチーフの使用は，複雑で長時間に及ぶ作品の統一感を保つために，効果的でした。

『地獄の黙示録』のイメージが強い

　ヴァルキューレのライトモチーフは，フランシス・コッポラ監督がベトナム戦争を舞台にして制作した『地獄の黙示録』において，ヘリコプターからベトナムの村を攻撃するシーンで使われて，話題になりました。ヴァルキューレのライトモチーフは，この映画の曲としてのイメージの方が強くなってしまったかもしれません。

　『地獄の黙示録』で使用されたヴァルキューレのライトモチーフは，ヘリコプターに設置されたスピーカから再生されたものでした。映画の中では，オープン・リールのテープ・デッキで曲を再生する様子も紹介されています。信じがたい行為を描いたシーンですが，このような「映像の世界の中で鳴っている音楽」の効果については次節で解説します。

6

楽器の分類と
そのしくみ

7

電子楽器から
DTMへ

8

映像メディアに
おける音の役割

9

サウンドスケープ

10

音のデザイン

8.15　映像の世界で鳴っている音楽

　映像に組み合わされる音楽はさまざまな効果を醸し出しますが, 通常, 作品の中で展開されている内容とは何の関係もありません。映像の世界に登場する人たちには, その音楽は聞こえていません。「通常」とわざわざことわったのは, 映像作品の中には, 前節で紹介した『地獄の黙示録』のように, 映像の中で音楽が鳴っているものもあるからです。

　主人公が聴いているレコード, カー・ラジオから聞こえてくるヒット曲, 街で流れる BGM, さらには生演奏のシーンなどです。そんな場面でも, 鳴っている音楽は, 偶然そこで鳴っていたものではありません。何らかの意図をもって, 演出された曲です。そこでの音楽の使い方によって作品のデキが決まるといってもいいでしょう。音楽の選択に, 作り手のセンスが問われるのです。

　物語中の音楽が, 同時に映像シーンの背景音楽になっていたりもします。音楽で物語の時代背景を表現することも可能です。物語中の音楽の利用は, 音と映像の対位法を自然な形で導入するのにも効果的です。主人公が悲しみにくれる場面に, 妙に明るい音楽が店の BGM として流れてくるといった使い方です。音と映像の対比が, 妙な現実感を醸し出すのです。

　『タイタニック』の船が沈むシーンで奏でられていた弦楽四重奏は, うまい使い方でした。このシーンではタイタニック号のレストランで演奏していた楽団が, 沈みゆく船の中で乗客を落ち着かせるために演奏し続けていたのですが, もう限界と判断したリーダーが「ここまでだ」と楽団員にいいながら, また一人で演奏を開始します。そのときの曲が, キリスト教の葬式などで歌われる賛美歌『向上』でした。「グッバイ」

といって一度は去りかけた他の楽団員も，次々と演奏に加わります。この曲は，沈みゆく船の乗客の様子を紹介するシーンの背景音楽としても効果的です。また，その穏やかな感じのメロディと，その次にくる緊張感あふれる背景音楽との対比も印象的です。

　『ミッション：インポッシブル　ローグネイション』では，ウィーンのオペラ座でオペラ『トゥーランドット』が上演されている中で，スパイどうしの迫力あるバトルが展開されます。舞台の上ではオペラが上演され，『トゥーランドット』の音楽が流れる中，舞台の上で激しい争いが行われているのです。そのうち1人は，オペラを鑑賞しているオーストリア大統領を狙撃しようとするのですが，楽譜を見ながらクレッシェンドして一番盛り上がる瞬間を狙うという手の込んだ演出で，音楽をストーリーに取り組んでいます。

パロディックな使用例

　作品中の音楽が，映画における音楽の役割をパロディックに示すように利用されている例もあります。『新サイコ』では，主人公の医師が空港から自動車に乗って任地へ向かう途中，運転手から前任者が殺されたことを告げられますが，そのシーンで，なんだかあやしい音楽が聞こえてきます。いかにも映画音楽風にです。しかし，実際には，オーケストラがバスで移動中に演奏していた音が，聞こえてきたものでした。背景の音楽と思わせておいて，実は「作品中の音楽」だったというオチです。ここで，物語の世界ではそんな音楽が鳴っていないという，映画音楽のウソに気づかされます。この作品自体がヒッチコック監督の作品のパロディになっていて，ヒッチコック映画の音楽をパロディックに扱ったわけです。

8.16　音楽をテーマにしたドラマ

　映画やテレビ・ドラマの中には，音楽をテーマにしたものもたくさんあります。

音楽の完成への過程が物語に絡む感動

　『陽のあたる教室』では，音楽教師と生徒たち，家族との交流が描かれていますが，さまざまな音楽が物語に絡みます。ブラスバンド，ミュージカル，ジョン・レノンの曲など，バラエティに富んだ音楽が楽しめます。

　『天使のラブソング』『ミュージック・オブ・ハート』『スクール・オブ・ロック』などでは，音楽のできが物語に絡むことにより，音楽への感情移入の度合いが違ってきます。また，練習過程から音楽に接しているので，音楽への理解度も高くなります。その結果，音楽がより感動的なものとなり，その感動は映像作品自体のものへと昇華するのです。『アリー／スター誕生』『ボヘミアン・ラプソディ』のように，音楽の制作過程やミュージシャンの苦悩を見せることも，同様の効果をもたらします。

　テレビで放映されていた『のだめカンタービレ』は，音楽大学の学生を主人公とした，コメディタッチのドラマでした（のちに映画化もされました）。ストーリーもさることながら，毎回たっぷりと音楽も楽しませてくれました。ここでも練習過程，その間に描かれる主人公の葛藤，登場人物それぞれのドラマ，人間模様が音楽と絡みあいます。そして，最後は音楽が完成され，大成功のエンディングとなるのです。ストーリーが音楽を盛り上げ，音楽がストーリーを盛り上げるといった展開で，その相乗効果が楽しめました。サントリー・ホールでのコンサートでドラマのクライマックスを迎えるのですが，サントリーがスポンサーだった

ので当然の展開でしょう。

音楽演奏が楽しめる物語

一生を船の中で過ごしたピアニストの人生を描いた『海の上のピアニスト』における，音楽の物語への絡ませ方はみごとでした。荒れ狂う海の上で，主人公がストッパーをはずしたピアノを弾きながら船内を主人公が動き回るシーンは，楽しくそして痛快です。ジャズを発明したという黒人ピアニストとの音楽バトルのシーンは，映画の一場面だということを忘れて，音楽に聴き入ってしまいます。壮絶という言葉がそのまま音楽にも当てはまる場面でした。友人のトランペッターが主人公に，どうやって曲のアイデアが浮かぶのかを問う場面も楽しめます。主人公は，乗船客のキャラクターを想像しながら作曲するのですが，それがそのまま音楽と映像の関係を示すデモンストレーションになっていたりします。船の中でレコーディングを行うシーンでは，たまたま窓の外に主人公が思いを寄せる娘が現れるのですが，娘への主人公の思いをメロディに乗せた，心に染み入る曲を堪能させてくれます。

ディズニーのアニメーションには，音楽演奏そのものをユーモラスに描いた作品もあります。『ミッキーの大演奏会』は，ミッキーマウスが指揮をする『ウィリアム・テル序曲』の演奏の様子のアニメーションなのですが，その最中にドナルド・ダックが『オクラホマミキサー（藁の中の七面鳥）』の演奏で乱入したり，寄ってきたハチをシンバルで挟もうとして鳴った音が演奏音となっていたり，曲が「嵐」の部分になると楽団が竜巻に巻き込まれながら演奏したりと，ハチャメチャな展開で，あたかも音楽で遊んでいる感があります。

第 9 章
サウンドスケープ

　耳はとじることができません。人間は生きている限り，絶えず音にさらされています。環境の音は人間の生活に大きな影響を及ぼし，環境の音には人間が築いてきた社会や文化の特徴が反映されています。サウンドスケープの思想は，音を人間や環境と切り離して捉えるのではなく，環境の一要素として，人間や社会とのかかわりの中で捉えることを志向します。また，人間が築いてきた音の文化を重視し，我々が音とどのようにつきあっていくべきなのかの答えを探ります。

　本章では，サウンドスケープの概念や特徴を説明するとともに，サウンドスケープの観点からのさまざまな取り組みを紹介します。さらに，日本の音環境，日本の音文化の特徴についても考察します。

9.1 サウンドスケープの意味するところ

サウンドスケープ（音の風景，soundscape）という用語はサウンド（sound）とスケープ（scape）（「〜の眺め」を意味する名詞語尾）を組み合わせてできた言葉です。視覚的な風景，景観（ランドスケープ：landscape）に対して，音の風景あるいは音風景と翻訳されることが一般的です。

環境の音を意識することの重要性

サウンドスケープの概念を提唱したのは，カナダの作曲家マリー・シェーファーです。シェーファーは，音楽家でありながら環境の音に興味を持ち，環境の音に対する啓発活動や調査を行うようになりました。シェーファーは，講演などでしばしば「環境の中の音について語るとき，その概念を適格に表現する用語がなかったため，サウンドスケープという言葉を生み出しました」と語っています。シェーファーは，サウンドスケープという用語をきちんと定めることで，環境の音を意識することの重要性を示そうと考えたのです。

サウンドスケープの思想は，音を物理的存在として捉えるだけでなく，社会の中で生活する人々がどんな音を聞いて，どんな意味を受け取り，どのように価値づけているのかまでを解きあかすことを目指します。私たちは小川のせせらぎのように水の流れる音を聞いて，ただ水の流れる音だと認識するだけではありません。過去の小川のせせらぎの体験などからの連想により，水音から涼しげなイメージや清涼感を覚え，快さを感じることができます。清涼感を覚えることが「意味を受け取る」こと，快さを感じることが「価値づける」ことなのです。

9.2 サウンドスケープは環境，社会，文化と関わる

サウンドスケープの思想の特徴の1つは，図9-1 に示すように，音を音環境全体の中で，さらには視覚も含めたトータルな環境の構成要素として把握しようという姿勢です。また，音環境を考えるとき，社会や文化との関連も無視しないで，積極的に取り込んで考えようとするのがサウンドスケープの立場です。サウンドスケープの思想は，環境から切り離された個々の音を対象とするのではなく，環境の中に実際に存在する音に着目しようという考えなのです。

小川のせせらぎの音は聞いていて心地よい音ですが，その音を聞いているときに小川のせせらぎだけが環境の中に存在するわけではありません。自然の中で聞く小川のせせらぎの音は，まわりの木々のざわめきや，落ち葉を踏みしめる音や，鳥のさえずりなどと一緒に音環境を構成しています。木漏れ日の差し込む森や苔むした岩肌などの風景や水の流れる様子を眺めながら，共存する音とともに私たちは小川のせせらぎの音を聞いているのです。小川のせせらぎの音の心地よさは，小川のせせらぎの音響的特徴のみでは得られません。小川のせせらぎの音と共存する音環境，視覚的環境などのトータルな環境との相互作用によって得られるのです。サウンドスケープの思想は，音とトータルな環境との相互作用を重視する考え方なのです。

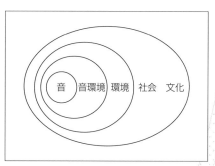

図9-1 サウンドスケープの思想の特徴は，音を音環境とともに，環境の一部として，社会や文化との関わりの中で捉えること

9.3 サウンドスケープは人間が意味づけ，構成した音環境

サウンドスケープ思想のもう1つの特徴は，物理的な音環境ではなく，人間が認識した音環境を意味することです。

物理的な環境は，図9-2 に示すように，「環境は，その中に存在する主体とは無関係に存在する周囲の物理的状況であり，主体に対して一定の刺激として作用する」という立場で捉えられた環境です（このような立場のことを機械論的環境観といいます）。音環境にあてはめると，音を物理的音響事象としてその量的側面のみを扱い，それぞれの場で測定した騒音レベルなどの物理量で表した音環境となります。物理的に捉えた音環境の例として，図9-3 に空港のまわりの騒音を 5 dB 刻みの騒音レベルで捉えた騒音マップを示します。

一方，主観的に捉えた音環境を重視したサウンドスケープの立場では，図9-2 に示すように，「環境は，主体によって意味づけられ，構成された世界である」と考えます（このような立場のことを意味論的環境観といいます）。この考えを音環境に適用すると，「日々の生活において，実際に聞いている音環境の把握」ということになります。各人各様，感じたままの音環境が，各々にとってのサウンドスケープなのです。図9-4 に，都市空間において，印象に残った音を地図上に書き込んだ音マップを示しますが，こういった音環境の捉え方がサウンドスケープの立場なのです。

音環境の物理的性質だけでは決まらない

商業空間で流される BGM を心地よく楽しむ人もいれば，うるさいだけの存在であると嫌う人もいるでしょう。秋の虫の鳴き声などから季節

の移ろいを感じ取る人もいれば，気にとめない人もいます。サウンドスケープは，音環境の物理的性質だけでは決まりません。サウンドスケープは，音を受け取る人間の感性のフィルタを通して構成された音世界なのです。

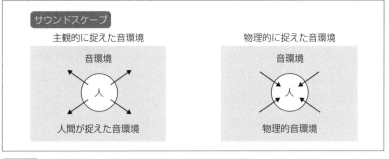

図9-2 サウンドスケープは人間が捉えた音環境（音世界）

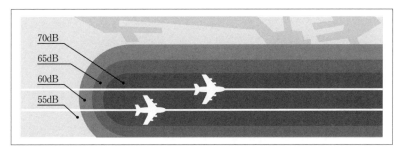

図9-3 空港まわりの騒音マップ：音環境を 5 dB 刻みの騒音レベルで示す

図9-4 都市空間の音マップ：音環境を印象に残った音の記録で示す

9.4 音響生態学は サウンドスケープの学問分野

　音響生態学（acoustic ecology）は，サウンドスケープを提唱したマリー・シェーファーが，サウンドスケープの研究を促すために提唱した学問領域のことです。音響生態学は，サウンドスケープが人間に与える影響についての総合的な学問分野ということができます。シェーファーは音響生態学が取り上げるべき研究テーマとして，「サウンドスケープの重要な特徴を記録し，その相違や類似傾向を書き留める」「絶滅に瀕している音を収集する」「新しい音が環境の中に野放図に解き放たれる前に，その影響を調べる」「音が持っている豊かな象徴性を研究する」「異なった音環境における人間の行動パターンを研究する」といった例をあげています。

人間にとって何らかの意味を持つ音が対象

　音響生態学で扱う対象は，地域を象徴する音，人々が愛着を憶える音，逆に忌み嫌う音など，人間にとって何らかの意味を持つ音です。もちろん，音がさまざまな意味を担うようになるためには，文化的背景の影響を無視できません。大晦日の夜，除夜の鐘を聞いて去りゆく年のことを意識するのは，除夜の鐘の意味を理解しているからです。音響生態学の立場は，音と人間と音が聞こえた状況の相互作用を重視した立場といえるでしょう。

9.5 マリー・シェーファーの提唱する音の分類法

マリー・シェーファーは，サウンドスケープを研究する者がまず取り組むべきことは，サウンドスケープの重要な特徴を発見することであるといっています。そのためには，音を分類し，それぞれの分類の中で，重要な音を発見する必要があります。音の分類にはいろんなやり方がありますが，シェーファーは，基調音，信号音，サウンドマークに分ける分類法を提唱しています。

社会の中で絶えず鳴っている基調音

基調音（keynote sound）とは，社会の中で絶えず鳴っている音のことです。ただし，基調音は意識的に知覚されることはありません。聞こえていることに気づかないこともあります。ゲシュタルト心理学風に「図と地」という分類をしたときの，地にあたる音です。

基調音は，意識的に聞く音ではありません。しかし，ないがしろにはできない音です。基調音は，そこに住む人間の性質を大まかに把握するのに役立つこともあります。基調音は，社会のいとなみや生活様式に影響を与えることもあり，社会のいとなみや生活様式を反映していることもあります。例をあげると，海辺の町では波の音，現代の都市では自動車の音が基調音にあたります。屋内においては，空調の音が基調音になっていたりします。

基調音という言葉は，音楽用語の主音（keynote）から造られた言葉です。主音は，楽曲の調や調性を決定するような音のことです。長調では，「ドレミファソラシド」の「ド」のことです。

309

人間が特に注意を向ける信号音

信号音（sound signal）は，人間が特に注意を向ける音です。前景の音で，意識して聞く音です。「図と地」の図に当たり，基調音と対をなす音です。どんな音でも信号音になり得ますが，シェーファーは，特に，どうしても聞かなければならない信号，音響的な警告手段に対象を絞っています。例えば，汽笛，警笛，サイレンなどが信号音にあたります。信号音というのは，サイン音に相当します。

信号音も，また，社会のいとなみや文化を反映しています。生活空間の騒音レベルが上昇するとともに，信号音のレベルも上昇しています。決まった時間に鳴る時の鐘やカラクリ時計は信号音ですが，地域に根づくと（次に紹介する）サウンドマークとして認知される存在にもなりえます。

共同体のサウンドスケープを特徴づけるサウンドマーク

サウンドマーク（標識音，soundmark）は，ランドマーク（陸標，landmark）からの造語です。ランドマークが地域の象徴となるような建物や自然（山や川など）であるように，サウンドマークは，共同体の人々によって特に尊重され，シンボリックな意味を持つようになった音のことを意味します。サウンドマークは，その共同体のサウンドスケープを特徴づける音です。地域や社会を象徴する音であるといえるでしょう。シェーファーは，サウンドマークは保護する価値があるといっています。

ロンドンのビックベン，ストックホルムのカリヨンなどが，サウンドマークであると考えられます。日本だと，各地の祭りの音，お寺の鐘の音などは，サウンドマークといえるでしょう。

サウンドマークの調査は，音響生態学の重要なテーマの一つです。サウンドマークを探ることにより，地域の音文化を捉えることができるのです。9.11 節で紹介する音名所，残したい音風景の選定事業は，サウンドマーク探しの事業ともいえるでしょう。

9.6 歳時記に詠まれた 四季折々の日本の音風景

作者の感動を季語に託し，出会ったもの，感じたものを素直に詠み込んだ俳句には，さまざまな状況で捕らえられた音環境が表現されています。俳句の中に表現されたサウンドスケープは，日本人が耳を傾け，愛着を憶える音世界のコレクションです。音響生態学の対象として，ふさわしい素材といえるでしょう。

俳句に詠み込まれた音

秋の虫の鳴き声は，日本人好みの音です。多くの俳句で，秋の虫の鳴き声を味わうことができます。「邯鄲のそれより細き雨音に － 山地曙子」は，鳴く虫の王と呼ばれる邯鄲の鳴き声を詠んだ俳句です。邯鄲は，他の虫よりも低いピッチの「リ，ルルルル」という鳴き声に特徴があります。この俳句の持ち味は，その邯鄲の鳴き声と秋の雨音を対比させたところにあります。

水の音も，好んで詠まれる音です。「六月の風にのりくる瀬音あり － 久保田万太郎」の俳句のように，水音の持つ清涼感を感じさせてくれる俳句が多く詠まれています。

除夜の鐘の音に耳を傾ける習慣は，日本の音文化に由来したものです。「除夜の鐘幾谷こゆる雪の闇 － 飯田蛇笏」のような俳句に，その様子が描かれています。

鳥の鳴き声は，季節の移ろいを感じさせてくれます。「うぐいすの音づよになりぬ二三日 － 去来」という俳句においては，鶯の鳴き声が春の象徴として詠まれています。この俳句には，鶯の鳴き声が日増しに強まっていることで，日がたつにつれて春めいてきている状況が表現され

ているのです。

季節を感じさせる物売りの掛け声

物売りの掛け声も，季節を感じさせてくれる存在です。かつては，「夜のかなた甘酒売の声あはれ － 原石鼎」の夏の夜の甘酒売り（昔は，甘酒は，夏の飲み物でした）や，「寝て居れば松や松やと売に来る － 正岡子規」の門松売りのように，物売りは商品とともに季節の移ろいも運んで来ました。今でも，ときどき，石焼き芋売りや，灯油の移動販売が回ってきますが，掛け声は拡声装置をつかったものに変わってしまいました。

変わりゆく生活音

かつては「朝晴れにぱちぱち炭のきげんかな － 一茶」（江戸）のように，季節特有の生活音も多く詠まれていました。砧（木槌で布をやわらげるのに用いる石のことで，秋の季語）を打つ音とか，年木樵（年末に山から薪を切り出して新年にそなえること）の音なども生活音として登場していました。しかし，このような音は現代の生活の中では姿を消し，我々の生活は家電製品の稼働音で溢れるようになりました。その様子を「掃除機のガガと鳴りをり露の家 － 車端夫」のように詠み込んだ俳句もあります。

俳句の中の音を読み解くことで，音で風景を味わうという，日本人の音に対する感性がみえてきます。

9.7 おもてなし精神が生んだ日本の音文化

「おもてなし」は，日本特有の配慮の行き届いたサービス精神です。おもてなし精神は日本の音環境，音文化にも反映されています。

駅メロは日本の音文化の象徴

現在，鉄道の駅において，発車や到着の合図としてメロディ（駅メロ：発車メロディ，接近メロディの総称）が用いられることが，多くの地方で実施されています。海外の鉄道においては，サイン音自体がそれほど多く利用されていない事情もあるのですが，音楽を利用したものはほとんどありません。駅メロは，日本特有の音文化といってもいいでしょう。列車の到着や発車を音で確実に伝え，その音を心地よく聞かせるために音楽を利用しようという，おもてなし精神が駅メロを生んだのです。

最初に駅メロが利用されたのは，1971年8月の京阪電鉄の淀屋橋駅での利用ではないかといわれています。京阪電鉄の社員がモーツァルトのオペラ『フィガロの結婚』から『もう飛ぶまいぞ，この蝶々』の一節を電子オルガンで演奏したものが用いられていたそうです。

その後，JR東日本が，1989年3月11日に山手線の新宿駅と渋谷駅に駅メロを導入して以降，駅メロが広く使われるようになりました。駅メロは，「発車ベルがうるさい」という利用者からの苦情に答えるために，国鉄民営化に伴う乗客サービスの一環として企画されたものでした。欧米並みに発車ベル自体を廃止するというアイデアもあったようですが，「発車ベルの廃止は危険」との判断により，メロディの利用が考えられました。

発車ベルを音楽にすることに抵抗感を持つ人もいましたが，駅メロは

313

各地に広まりました。駅メロをマニアックに収集する人たちも登場し，YouTube などで公開されています。恵比寿駅（JR）の『第三の男』，高田馬場駅（JR）の『鉄腕アトム』，蒲田駅（JR）の『蒲田行進曲』，秋葉原駅（東京メトロ）の『恋するフォーチュンクッキー』など，各地にゆかりのあるメロディを利用している駅もあります。桑田佳祐さんの地元の茅ヶ崎駅（JR）がサザンオールスターズの『希望の轍』を駅メロにするなど，出身アーティストの曲の利用も盛んです。

　日本の鉄道駅では，駅メロ以外にも，多くのアナウンスが流されています。日本では，鉄道に限らず，さまざまな公共空間で多くのアナウンスが流されています。諸外国に比べても，アナウンスが多いのが日本の公共空間の特徴です。アナウンスをするのは提供する側のおもてなしの親切心に基づくものですが，受け取る側もアナウンスで注意されることを望んでいるのです。電車で忘れ物をしたのは，「それを注意するアナウンスがないためだ」と思っているのです。音を出す側と受け取る側が，アナウンスの存在を前提とした社会を作り上げた結果，日本の公共空間にアナウンスがあふれる結果になったのです。

　視覚障がい者に交通信号の情報を伝える音響式信号機（　図9-5　）は諸外国でも多くありますが，ほとんどが断続音のような単純な音が用いられたものです。日本では，音響式信号機は「ピヨピヨ，ピヨピヨ」と「カッコー，カッコー」のいずれかが鳴る擬音式のものが用いられています。このような擬音式の音も，国際的にはユニークですが，日本ではメロディ式の音響式信号機も利用されています。最近は擬音式に統一されつつあるためメロディ式は減少してきましたが，『故郷の空』（スコットランド民謡）と『とおりゃんせ』（日本のわらべ歌）のメロディが用いられています。かつては，多くの地域でこの2曲のメロディ式の音響式信号機が用いられていました。そのもっと前には，もっといろいろなメロディが用いられていました。今でも，静岡県ではその名残が残っていて，『富士の山』を流す音響式信号機があります。音で知らせるのなら親しみのあるメロディで気持ちよく聞かせようという「おもてなし」的配慮で，メロディ式の音響式信号機は導入されたのです。海外には，

音響式信号機にメロディを利用したような例はないと思われます。

テレビを見ていると，時折，地震発生，選挙結果，大きな事故（航空機事故など）や事件，逃亡犯の逮捕，スポーツ選手やアーティストの快挙，大雨や台風情報などのニュース速報のスーパー（字幕）が流されることがあります。その時に，同時に短いチャイムが鳴らされます。チャイムの音は，テレビ局によって異なりますが，いずれも注意喚起のための音です。ニュース速報への注意喚起のために，わざわざチャイムを鳴らすのは，やはり日本特有の親切なおもてなし精神に基づく独自のシステムです。

トイレ用擬音装置の今と昔

公共的な場所の女性用トイレの多くには，トイレ用擬音装置と呼ばれる音響装置が設置されています。一般には，音姫（ 図9-6 ）という名称の方が親しまれていますが，音姫は TOTO の商品名です。女性がトイレで用をたす音を人に聞かれると恥ずかしいので余計に水を流す習慣があったのを，節水のために流水音をスピーカから再生するトイレ用擬音装置が開発されたのです。トイレ用擬音装置は，日本独自の製品です。韓国等で利用されている例はありますが，海外ではほとんど普及していません。そもそも、海外の女性は，あまり恥ずかしさを感じていないようです。排せつ音を自らの身体と関連づけ，「恥ずかしいと思う」感性は，

図9-5 視覚障がい者のために音響式信号機が設置された信号機

図9-6 女子トイレに設置されているトイレ用擬音装置（音姫：TOTO 社製）

日本人女性特有の美意識です。それを人工的な流水音でマスキングする工夫も，きめ細かな気配りを身上とするおもてなし精神を反映した日本式サービスです。

　排せつ音をマスキングする装置は，江戸時代にもありました。広島県福山市鞆の浦の太田家住宅に，今でも保存されている「音消し壺」（ 図9-7 ）と呼ばれる装置です。壺の中に水を入れておき，栓を抜いて水を出し，その音で用を足す音を聞こえなくしたといいます。そういった歴史も踏まえた上で，トイレ用擬音装置は，日本の音文化を象徴する存在といえるでしょう。

　このように，日本の音文化には，日本人特有の配慮の行き届いたおもてなしのサービス精神が反映されています。駅メロや音響式信号にメロディを使って親しみやすくしたり，公共空間ではきめ細かな情報をアナウンスで提供したり，乙女の恥じらいに配慮した音のサービス（トイレ用擬音装置）を考え出したり，ニュース速報に注意喚起の音をつけたりと，かゆいところに手が届く配慮をした結果が，音環境に反映しているのです。たまに過剰でおせっかいでありがた迷惑なサービスが，こっけいな音環境を生み出すこともありますが，それが日本の音文化なのです。

　図9-7　広島県福山市鞆の浦の太田家住宅に残る「音消し壺」

9.8 紀行文に残された明治の音風景

　過去の日本のサウンドスケープについて，貴重な記述を残した外国人たちがいます。明治時代に来日したエドワード・モースとラフカディオ・ハーンはその代表的な人物です。モースはアメリカ人動物学者で，大森貝塚の発見でその名を知られている人物です。ハーンは『怪談』の作者として有名ですが，英語教師，新聞記者としても活躍しました。彼らは，著書の中に，日本の音環境に関する詳細な記述を残しています。

忘れ難い下駄の響き

　両者はともに来日直後を横浜で過ごし，下駄の音に出会います。モースは，カラコロ，カランコロン，ガラガラとさまざまに鳴り響く下駄の音に耳を傾けました。ハーンも，最も愛した松江での一日を描いた『神々の国の首都』において「大橋を渡る下駄の響きほど忘れ難いものはない。足速で，楽しくて，音楽的で，大舞踏会の音響にも似ている」（小泉八雲，平川祐弘編『神々の国の首都』講談社学術文庫より）と表現したように，下駄の音に対して強い愛着を感じていたようです。

　また，盲目の按摩が発声する「あんまーかみしもごひゃくもん」といった呼び声や哀れっぽい笛の響きにも，両者は興味を抱いています。彼らは，さまざまな物売りの声も聞いています。当時は，魚，菓子，花，バッタ，キセル，梯子など，さまざまな商品の行商人が街を往来していました。

　彼らは，さまざまな日本の音楽も聴いています。当時，日本を訪れた西洋人の中には日本の音楽を音楽と認めない人もいましたが，彼らはそうではありませんでした。彼らが日本で聴いたのは，義太夫，雅楽，民謡といった聴かせるための音楽だけではありません。田植え歌，ヨイト

マケの歌といった労働歌にも，強い興味を抱いて聴き入っています。

　モースは，日本に上陸した直後に聞いた，船を漕ぐときに漁夫が叫ぶ「ヘイ，ヘイ，ヘイ」という唸り声のような舟歌が強く印象に残ったといいます。彼は，杭打ち作業に従事する土木作業者のヨイトマケの歌にも興味をいだき，作業の様子を詳細に観察して，「一節の終りに揃って縄を引き，そこで突然縄をゆるめるので，錘はドサンと音をさせて墜ちる」（エドワード・S・モース，石川欣一訳『日本その日その日』青空文庫より）との記述を残しています。

　ハーンは，日本人が秋の夜に虫の鳴き声を求めてわざわざ野辺にくり出すことにいたく感動し，『虫の演奏家』というエッセイを著しました。この作品では，虫の鳴き声の特徴をつぶさに紹介するとともに，虫の音を詠った短歌を数多く紹介しています。鳴く虫を売買する虫屋という商売があることにも興味を覚え，虫の値段を調べあげました。虫の音を鑑賞する習慣のない西洋人は，美的感受性が未発達であるとまでいっています。

現代日本では聞くことができない

　モースやハーンの記述を通して，当時の日本で聞くことのできた音の様子がよく分かります。彼らが記述した音の多くは，現代の日本では聞くことができなくなってしまいました。日本人なら聞き過ごしてしまいそうな日常の音を，彼らが克明に記録してくれたおかげで，明治の音風景を味わうことができるのです。

9.9 音の環境教育

　マリー・シェーファーは,「騒音公害は, 人間が音を注意深く聴かなくなったときに生ずるのであり, 騒音とは我々がないがしろにするようになった音である」と述べています。私たちは, テクノロジーの発展に伴って派生してきた, 不要な騒音を受け入れてしまいました。そして, 我々が音に対する感受性を失ったときに, 騒音公害が広まってきたというのです。

　シェーファーは, 騒音公害が広まってしまった状況に対して, 音楽家に責任があるといいます。音楽家は, 音を楽音と騒音に二分して, 楽音のみをいい音, 快い音として, 環境の音の美的価値を認めてきませんでした。いい音は, コンサート・ホールの中で純粋培養され, それ以外の音はないがしろにされてきたのです。その結果として, 街に騒音がのさばってきました。

　シェーファーは, 騒音にあふれた現代の音環境を救うには, 環境の音に対して美的な態度で接する聴覚文化の回復が必要なことを主張しています。シェーファーは, 現代の音環境を何とか修復しようと, 啓発活動に乗り出しました。彼は, 環境音を美的に聴く態度を養えば, 騒音にだまっていられなくなると考えています。環境の音に耳を傾け, 音に対する豊かな感性を身につけることこそが, 快適な音環境創造への唯一の道だというのです。

音に関するいろいろな課題

　シェーファーの教育理念に基づく著書が, 『サウンド・エデュケーション』（音に関する 100 の課題集）です。課題集は,「聞こえた音をすべて

書きなさい」，日常生活を音で綴る「音日記をつけなさい」のような身近な課題から始まります。「聞こえた音を，大きな音，動いている音，自然の音，機械の音などに分類する」といった，音の特徴を認識させる課題もあります。そして，「地域社会のシンボルとなるような音を探しなさい」のように，社会の音文化と向き合うような課題へと進みます。さらには「全権を与えられたと仮定して，都市の音環境をデザインしてみよう」といった包括的な課題に至ります。

　シェーファーが講演会で好んで実施するサウンド・エデュケーションの課題に，音をたてずに立ち上がり，そして座るというごく単純な課題があります。この課題は，参加者全員が成功するまで，繰り返し行います。参加者が多いと，全員が成功するのは困難です。誰かが失敗しないかを注意して聞きながら課題を続けていると，会場が静かになるとともに，しだいに耳が研ぎ澄まされてきたことに気づかされます。それが彼のねらいなのです。

　「紙を丸めて壁に投げつけたときに出る音を想像して，擬音語で表現してみよう」という課題もあります。参加者は，壁にあたる「ガン」などという音をイメージします。しかし，シェーファーは，実際に丸めた紙を壁に投げつけ，それが正しくない答えだということを得意げに語ります。確かに壁にあたる音はします。しかし，そのあと丸めた紙くずが床に落ちる音をイメージできなかったことを指摘するのです。「この国には引力がないのかい？」とジョークを交えることも忘れません。サウンド・エデュケーションは，イマジネーションを養成する手段としても有効です。

9.10 シェーファーのめざす サウンドスケープ・デザイン

シェーファーは，サウンド・エデュケーションによって，音環境に対して感受性に富む人を育て上げ，その力によって望ましい音環境を作りあげようとしているのです。そのようにして音環境を作りあげる実践活動のことを，シェーファーはサウンドスケープ・デザインと呼んでいます。

サウンドスケープという巨大な音楽作品をデザインする

彼は，いかにも音楽家らしい比喩ですが，サウンドスケープを我々のまわりで絶えず展開している巨大な音楽作品として見立てます。そして，そのオーケストレーションと形式をどのように改善すれば，豊かで多彩な，それでいて人間の健康と福祉を決して破壊することのないような効果を生み出せるかを問いかけます。どの音を残し，どの音を広め，どの音を増やしたいのか？　これが分かれば，いらない音や生活を破壊する音もはっきりし，それを排除しなければならない理由も分かるのです。我々は，サウンドスケープ・オーケストラの聴衆であると同時に，演奏家であり，また作曲家でもあるのです。

つまり，いかにして自らが快適な音環境を創造することができるのかを考え，実現することがシェーファーの考えるサウンドスケープ・デザインなのです。サウンド・エデュケーションは，サウンドスケープ・デザインの第1ステップなのです。

9.11 音名所，残したい音風景：
地域の音文化の掘り起こし

シェーファーの考えに触発され，現在では，さまざまな音に関する環境教育が試みられています。多くの自治体や市民グループで実施されているのが，音探検セミナー，音マップ作りといったイベントです。参加者は，あらかじめ定められた経路を散策し，どこでどんな音が聞こえたのかを地図上に記入していきます。このようなイベントのねらいは，音マップづくりを楽しみながら参加者が音に対する豊かな感性を体得することにあります。

音マップ作りを一歩進めた試みが，音名所，残したい音風景などの選定事業です。一時期大きなブームになりました。地域の象徴的な音，地域の人たちに愛されている音，後世に残したい音などを募集して音名所などとして選定する事業です。

最初の試みは，1989 年に実施された「名古屋音名所」でした。名古屋公害対策局が「親しみを感じ，心が安らぐ生活の音」を公募して，名古屋の 16 箇所を名古屋音名所と認定しました。その後も，札幌，横浜，四日市，北九州，福岡，長崎など各地で同様の試みが行われています。

この種の事業で最大のものは，環境庁（現在の環境省）が実施した「残したい日本の音風景 100 選」事業です。1996 年 1 月から 3 月にかけて，21 世紀に残したい音風景を募集し，738 件の応募を得ました。これらの中から，日本の音風景検討委員会により，100 選が選定されました。100 選には，オホーツク海の流氷（北海道），山寺の蝉（山形），川越の時の鐘（埼玉県），横浜港の汽笛（神奈川県），寺町寺院群の鐘（石川県），垂水漁港のイカナゴ漁（兵庫県），千光寺驚音楼の鐘（広島県），山口線の SL（山口県），博多祇園山笠のかき山笠（福岡県），小鹿田皿山の唐

臼（大分県），矢部町（現在，町村合併により山都町となっている）の通潤橋（熊本県）など，全国各地において地域を象徴するにふさわしい音が選定されています。これらの音は，各地のサウンドマークといえる存在です。このうち川越の時の鐘，小鹿田皿山の唐臼，山都町の通潤橋の3か所を 図9-8 に示します。

地域に存在する音に気づいてもらう

これらの事業では，調査の形式をとりつつ，調査活動自体が音の環境教育，音環境に関する啓発活動にもなっています。音名所の選定事業や広報活動を通して，住民に地域に存在する音に気づいてもらうことができます。身近な音に気づくことによって，身の回りに存在する環境の持つ意味合いが変容してくるのです。そのため，音名所選定が「気づきのデザイン」でもあるといわれています（10章参照）。音名所の選定は，音響生態学としての学問的価値があるだけではなく，サウンド・エデュケーションの効果とともに，サウンドスケープ・デザイン活動の一環でもあります。

こういった試みは，それぞれ大きな効果をあげています。事業を実施したときに，ラジオ，テレビ，新聞などで取り上げられ，大きな広報効果があります。さらには，地域の音文化の資料としての価値も忘れてはなりません。

川越の時の鐘（埼玉県）

小鹿田皿山の唐臼
（大分県）

山都町の通潤橋
（熊本県）

図9-8 残したい日本の音風景100選より

9.12 音楽と環境： 「楽音」対「騒音」の二項対立の解消

　作曲家としてのマリー・シェーファーは，ジョン・ケージ（1912-1992）の影響を大きく受けているといわれています。さらに，マリー・シェーファーの音楽観並びにサウンドスケープの思想には，ケージの音楽観が強く反映されていると考えられます。

あらゆる音が音楽の素材になり得る

　シェーファーは，いろんな作曲家に「音楽とは何ですか？」と問いかけました。そして，唯一回答を寄せたのが，ジョン・ケージだったのです。ケージの回答は「音楽とは音である。コンサートの中と外とを問わず，われわれを取り巻く音である」というものでした。

　ケージの音楽では，楽音として洗練されてきた伝統的な楽器の音のみでなく，われわれの周囲にある日常生活の音，自然の音，メディアの音といったあらゆる音が素材となります。このことは，伝統的な「楽音対騒音の二項対立」の解消を意味します。ケージの回答は，あらゆる音が音楽の素材となる可能性を示したのです。

　しかし，音楽史の流れの中で，ジョン・ケージが突然変異的に現れたわけではありません。ジョン・ケージが音楽に大胆に環境の音を取り入れるまでに，音楽と環境音の関係に関して，さまざまなアプローチがありました。

　テクノロジーの発展を賛美したイタリア未来派の作曲家ルイジ・ルッソロ（1885-1947）は，機械の音を音楽に取り入れた騒音楽器（イントラルモリ）といわれる楽器を作りだしました（ 図9-9 ）。騒音楽器の出現により，音楽に用いる音の素材の拡大が試みられたのです。元々は

美術家だったルッソロが作った騒音楽器は，モータなどを利用して奇怪な機械音を発する音響装置でした。しかし，彼の試みでは音楽としての枠組みは従来通りでした。音を出す手段が，伝統的な楽器から騒音楽器に置き変わっただけです。

そして，『家具の音楽』で知られる，エリック・サティ（1866-1925）が登場します。日本でも，環境音楽がはやった時期，サティの音楽がずいぶんもてはやされました。サティは，彼の生きた時代に，すでに環境音楽的な音楽の捉え方を試みていました。『家具の音楽』は，まるで家具のように，そこにあっても日常生活を妨げない音楽，意識的に聴かれることのない音楽といったものを目指して書かれた曲で，タイトルはそのアイデアを反映させたものです。

さらに，フランス放送局の録音技師でもあったピエール・シェッフェル（1910-1995）がテープ・レコーダを利用してミュジック・コンクレートを生み出します。ミュジック・コンクレートは，さまざまな音を録音し，それを組み合わせて一つの作品にします。そこでは，あらゆる音が作品の素材になっています。五線譜に表現されるような音楽的な枠組みはとっぱらわれています。しかし，テープに記録された音素材は，作者の意図のもとに構成されます。また，作品を上演する際には，そのまま再生されますから，作者の意図はそのまま伝えられます。従って，ミュジック・コンクレートでは，作品としての枠組みは残ったままです。

偶然性の導入

こういった20世紀の音楽史の流れの中で，ジョン・ケージが登場します。ジョン・ケージといえば，象徴的に引用されるのが，『四分三十三秒』という作

図9-9 ルイジ・ルッソロが作った騒音楽器（イントラルモリ）

品です。ピアニストが現れて，ピアノの前に「四分三十三秒」間座って，ピアノを弾くことなしに引き込むという作品です。この作品は，現代音楽の流れのなかでケージの成しえたことを表した，シンボリックな作品です。

　この作品は，作曲家によって構成されない現実の音を聴くことを音楽と捉えた，最初の試みと位置づけられています。この作品では，「四分三十三秒」の間にたまたまそこで鳴った音が作品とされています。鳴った音は，当然，作曲家や演奏家が意図した音ではありません。この作品では，伝統的な意味で音楽的かどうかということにかかわらず，あらゆる音が素材になりえます。その意味で，音楽史上，画期的であったわけです。ジョン・ケージの音楽は，「偶然性の音楽」と呼ばれています。その時たまたま鳴った音を作品の素材にするからです。偶然性とは，音と音を関係づけないようにすることです。偶然性の導入によって，音楽家は初めて本当の意味で環境音を素材とすることができるようになったのです。

　ジョン・ケージは，従来の音楽思想がいだいてきた，「楽音対騒音の二項対立」の図式をうち破りました。『四分三十三秒』は，それを象徴する作品です。そこでは，すべての環境音が聴取の対象となります。伝統的な音楽作品では，作品としての音楽は聴取の対象ですが，それ以外の環境音は聴取の対象とはされていません。マリー・シェーファーのサウンドスケープの思想もまた，すべての環境音を聴取の対象としています。「楽音対騒音の二項対立」の解消は，サウンドスケープの思想のねらいでもあるのです。

　このように，20世紀の音楽の展開をたどっていくと，そこから一歩進めば，サウンドスケープの思想が生まれる状況にあったことが分かります。サウンドスケープの思想は，二十世紀の音楽の流れとして必然的展開であり，帰結でもあったのです。

第 **10** 章
音のデザイン

　デザインという言葉からは，普通，見た目を魅力的にするデザインを思い浮かべるのが一般的でしょう。実際，視覚にアピールするデザインやその担い手であるデザイナーは，広く認知されています。視覚領域のデザインに比べるとその認知度はまだまだ低い水準ですが，音にもデザインが必要な領域がたくさんあります。

　音のデザインはまだ成熟した領域ではありませんが，将来的には有望な領域です。視覚領域のデザインが美術と工学の双方に関連して発展してきたように，音のデザインも音楽と音響工学の双方に関わる分野です。

　本章では，製品の快音化，サイン音のデザイン，音環境デザイン，音楽制作におけるデザイン的側面など，さまざまな領域に関する音のデザイン分野の現状と将来を解説します。

10.1 音のデザインは芸術と工学の間にある

　デザインというと，視覚にアピールするデザインを想い浮かべるのが，一般的でしょう。しかし，音にもデザインが必要な領域もたくさんあります。

　一般にいうデザインは，芸術ではありませんが，美術に近い分野として認識されています。大学では，美術学部の中にデザインに関わる学科が設置されている例もたくさんあります。美術もデザインも，「視覚の美的な感性に訴える」という意味では共通していて，多くの部分が関連します。ただし，美術が純粋に美のみを追求するという立場であるのに対して，デザインの対象は人間が使う道具や環境なので，デザインは使いやすさや機能も考えて行う必要があります。そのため，デザインという分野は工学との関わりも必要となってきます。工学部の中にデザイン系の学科があることもそれほど珍しくありません。デザインは，図 10-1 に示すように，美術と工学の中間に位置づけられる存在なのです。

音のデザインも視覚の場合と同様に重要

　一方，音のデザイン分野は，「聴覚の美的な感性に訴える」という意味では，音楽と共通しています。この点は，美術とデザインの関係と同様です。さまざまな音があふれる現代の社会において，各種の音をデザインする試みは，我々の視覚環境をデザインすることと同じぐらい重要です。我々の回りにある各種の音に対しても，音楽に対するのと同じようなこだわりをもって，対処する必要もあります。ただし，音をデザインするためには，音の機能的な面を考慮しなければならず，音響特性の

コントロールも必要なため，工学的なアプローチも欠かせません。デザインが美術と工学の間に位置づけられるように，音のデザインも，音に関する芸術である音楽と音に関する工学（音響工学）の間に位置づけられる分野なのです。

サウンド・デザイナーの養成が必要

音のデザインを効果的に実施するためには，それを担うデザイナー（サウンド・デザイナー）の存在が欠かせません。視覚デザインの分野ではデザイナーとして認知されている人たちは多く存在しますが，音のデザイン分野ではそう多くはありません。各種の音のデザインを押し進めるためには，音を感性と理性の両面で捉え，音を自由自在に操る能力を持ったサウンド・デザイナーの養成が必要とされます。

視覚芸術

美術 ⟷ デザイン ⟷ 工学

- -

聴覚芸術

音楽 ⟷ 音のデザイン ⟷ 音響工学

図 10-1 デザイン，音のデザインの位置づけ：芸術と工学の間に

10.2 デザインのいろいろ, 音のデザインのいろいろ

　デザインはさまざまな分野を包含します。一般によく知られた分野の1つが, 自動車や家電製品などの工業製品を対象としたプロダクト・デザインでしょう。電車の乗り換えや非常口などの位置情報を表示した標識をデザインするサイン・デザイン, 公園などの美しい景観を作るランドスケープ（景観）・デザイン, 公共空間を対象としたパブリック・デザインなども, デザイン領域として広く認知されています。映像メディアの内容をデザインするという意味のコンテンツ・デザインと呼ばれる分野も存在します。高齢者や障がい者に配慮したユニバーサル・デザインの必要性も求められています。美しい景観や歴史的な町並みの保全活動も, 広い意味でのデザイン活動に含まれます。

　これらのデザイン領域は, 多くの場合, 視覚に関するデザインとして認知されている分野です。デザインというと, カッコいい自動車, スタイリッシュな家電製品, 分かりやすいサイン, 美しい眺めの公園などが思い浮かぶでしょう。このような視覚に関するデザインにおいては, デザインに見合う付加価値も十分に理解されています。多少高価であってもデザインのすぐれた商品への需要もあります。

音のデザインが必要とされている

　ただし, 一般にはあまり意識されていませんが, 各種のデザイン分野は, 何らかの形で音と関わっています。そのような状況のもとに, 音のデザインが必要とされることが意識され始めました。

　自動車や家電製品などの工業製品の多くは, 意図して出そうとしているわけではありませんが, モータやエンジンなど動く機構があれば, そ

こからなんらかの音を発生します。ユーザの感性に訴える製品を作り出すためには，不快な音を抑制するとともに，出てきた音の質にもこだわった製品を作らなければなりません。

　サインとしての機能を担うのは，視覚的なサインだけではありません。音でメッセージを伝えるサイン音も，家の中でも屋外でも多数存在します。こういったサイン音を効果的に活かすためには，最適な音のデザインが必要とされます。

　景観や空間には，必ず音が存在します。その音環境をないがしろにしては，魅力的な景観や空間のデザインはできません。魅力的な景観や空間を創造するためには，音環境デザインが必要とされます。バーチャルな環境の映像メディアも，実環境と同様に音を適切にデザインしないと，いい作品は生まれません（8 章参照）。

　また，音環境においても，高齢者や障害者に配慮すべき問題は数多くあります。高齢社会の時代を迎え，環境のバリアフリー化が求められています。音のユニバーサル・デザインの発想は，今日の社会的要請によるものです。

　さらに，今日の音楽制作には，音を合成，加工，編集するという音のデザイン的側面が欠かせません。また，技術革新に伴ってメカニズムの実体がなくなった道具に対して，その実体感を取り戻す音のデザインが求められています。

　音が美的感性へアピールするチカラは視覚情報のチカラに劣るものではありませんが，目には見えない音のチカラは一般にはそれほど意識されてはいません。しかし，ユーザの感性にアピールする音作りへの挑戦は，すでに各方面で実践されています。デザインの諸領域においても，感性に訴える音のデザインの導入で，デザインの効果をより高めることができます。

10.3 製品に快音化の時代が到来した

　私たちの身の回りには，さまざまな機械製品があふれています。家の中には，洗濯機や掃除機などの家電製品があり，生活を支えてくれます。また，日常の移動の手段として，自動車やオートバイなどを利用します。各種の大工道具や園芸器具を利用している人もいます。こういった製品の中には，モータやエンジンなどの動力源を使っているものが多数あります。動力源があると，望んでいるわけではありませんが，音が発生します。そして，その音が結構うるさかったりします。

従来は騒音軽減の取り組みが主だった

　従来，製品の音に対する取り組みは，騒音の軽減対策が主なものでした。機能のことだけを考えた製品は動作音の騒音レベルが高く，うるさい製品が生活の中にあふれていました。自動車や家電製品などでまず取り組むべきことは，うるさい騒音を静かにすることでした。

　今日，騒音軽減の取り組みが成果をあげ，製品音のうるささはかなり改善されてきました。それでも，製品音の不快感がなくなったわけではありません。騒音レベルがそれほど高くなくても，製品音から不快感を覚えることもあります。ユーザからメーカへの苦情も少なくありません。また，レベルの高い騒音源に対策を施すと，これまでは問題にならなかった別の騒音源が気になることもあります。

無音にするのがよいわけではない

　また，製品の音を皆無にしてしまった方がいいかというと，そうともいい切れません。製品の音は，多くの場合，製品の動作が正常に行われ

ているかどうかの確認にも利用されています。聞こえてくる正常な動作音は，安全安心のしるしでもあるわけです。まったく無音になってしまうと，製品が正常に動作しているかどうか分からなくなってしまいます。エアコンなどでは，ある程度送風音が聞こえないと，「ききが悪いのかな？」と疑ってしまいます。掃除機も，ある程度音がした方がパワフルな印象をもたらし，「ゴミを吸っている」感じがします。

　このような状況を受けて，製品の音を，その特徴を残しつつも，快適な音質に改善することが求められるようになってきました。また，騒音軽減の技術的な限界やかけられるコストの制限により，音質改善によって製品音の不快感を軽減しようとの動向もあります。

音の商品価値を重視する姿勢

　さらに，音がブランド・イメージを作り上げている例もあります。音の商品価値を重視する姿勢として，サウンド・ブランディングというコンセプトも登場してきました。製品音に，快音化の時代が到来してきたのです。

攻めの姿勢で快音設計

　製品の音に対する従来の騒音対策の立場は引き算的アプローチになるため，マイナス思考にならざるを得ませんでした。製品の快音の必要性が認識されてからは，攻めの姿勢で「ユーザが求める音をつくる」というプラス思考に発想を転換することが求められるようになってきました。音と敵対する騒音対策の立場から，音を味方に引き入れる快音設計の立場への方向転換が必要とされるのです。

10.4　音が魅力のモノづくり

　自動車やオートバイなどでは，エンジンの排気音に愛着を覚えるユーザも多くいます。彼らにとっては，購入する製品を選ぶとき，音へのこだわりが重要な判断要素となっているのです。あるメーカの自動車においては，ユーザは，どろどろした音，土臭い音に「走りを感じる」といいます。このメーカでは，ユーザの要望に応えて，タイヤから出る音を押さえ，いかにエンジン音を聞かせるかが製品開発の目標になっています。製品単価の高い自動車では，快音化に対する取り組みはすでに本格化しています。

自動車のドアの開閉音を魅力あるものに

　自動車メーカでは，ドアの開閉音を魅力あるものにしようとの取り組みも盛んです。自動車のショー・ルームで高級車のドアを開閉したとき，安っぽい音しかしなかったとしたら，消費者はそんな車を購入したいとは思わないでしょう。高級車のドアの開閉音は，その車の値段にふさわしい高級感を出して欲しいものです。ある製品のデザインを考えるとき，製品から発生する音にも気を配ってこそ，感性にアピールすることができるのです。そのため，自動車のドア閉め音も，デザインの対象になっているのです。低域の成分の豊富な収まりのいい音が，望まれるドア閉め音です。

　オートバイも，自動車と同じく移動の手段なのですが，そのユーザ（ライダー）の趣味性がより高いという特徴があります。「ハーレーダビッドソン（Harley Davidson）」のオートバイは，根強いファンも多く，そのブランド力はトップ・レベルです。ハーレー社は，フィーリングを重

6 楽器の分類と
そのしくみ

7 電子楽器から
DTMへ

8 映像メディアに
おける音の役割

9 サウンドスケープ

10 音のデザイン

視した製品作りに取り組んでいますが，エンジン音のフィーリングにも
こだわっています。ハーレー社は，各国の騒音基準をクリアしながらも，
ハーレー者特有のエンジン音を守り続けようとしています。

　心地よい掃除機音を開発したメーカもあります。掃除機の音を分析し
たところ，**図 10-2** に示すように，高域に 2 つのピークがあることが分
かりました。このピーク（純音性成分）はファンの回転によって発生す
るものですが，不快感の原因になっていたのです。このメーカは特殊な
吸音シートを開発して，2 つのピーク成分を押さえ込むことに成功しま
した。その結果，心地よい掃除機の音が実現したのです。別のメーカは，
掃除機本体の騒音は軽減させつつ，吸い込み口の騒音はある程度許容す
ることによって，「ごみを吸っている」感を残しつつ快音化を図りました。

　快音設計というコンセプトのもとで，ユーザに好まれる音をデザイン
した自動車や家電製品なども実際に市場に出回り始めました。評価の高
い日本のモノづくりの業界は，音の魅力を加えることによって，さらに
付加価値の高い製品を提供できます。今日，製品の機能で差別化を図る
ことが難しくなっています。音の魅力で感性にアピールする製品を作り
出すことは，日本製品の生き残りをかけた戦略でもあります。

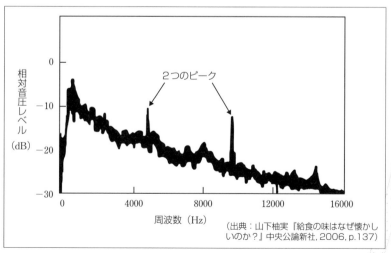

（出典：山下柚実『給食の味はなぜ懐かし
いのか?』中央公論新社，2006，p.137）

図 10-2 掃除機音を不快な印象にする高域の 2 つのピーク：これらを減衰させて，心地よい
掃除機音に

10.5　サイン音のあり方を探る

　サイン音というのは，危険を知らせる警報とか，電話の呼出音とか，洗濯機や電子レンジの終了音のように，何らかのメッセージを伝える音のことです。

さまざまな場面で聞くサイン音

　サイン音はさまざまな場面で用いられています。家電製品のほとんどは何らかのサイン音が発生するようになっており，家庭内では毎日のようにサイン音を聞く生活になっています。ニュース速報のチャイムや緊急地震速報のように，テレビから聞こえてくるサイン音もあります。電話の呼び出し音も，サイン音の一種です。また，エリアメールの着信音，火災報知機，ガス漏れ警報のように，緊急事態を告げるサイン音も必要とされています。

　鉄道の駅や列車内でも，列車の到着，出発を告げるサイン音，ドアの開閉を告げるサイン音などさまざまなサイン音が存在します。デパートなどの商業施設にも，呼び出しを告げるチャイムなどのサイン音が存在します。公共空間では，からくり時計に仕掛けた時報のように単にメッセージを伝えるのみではなく，演出効果も兼ねたサイン音もあります。緊急事態を告げるサイン音は，実際に聞く機会は多くはありませんが，公共的な空間にも存在します。

　自動車内にもサイン音は多く用いられています。自動車本体に付属したウインカーやリバースギア報知音の他，カーナビも多くのサイン音を発します。シートベルトを締め忘れたときには，シートベルト・リマインダが鳴ります。クラクションは，車外へ向けてのメッセージを伝える

サイン音です。サポカーあるいはサポカーSなどと呼ばれる自動車には，衝突防止装置，車線逸脱防止装置，ペダル踏み間違い防止装置などの安全装備が設置されていますが，これらの装置が何らかの危険を察知したときには，サイン音でそのことを伝えてくれます。今後，自動運転化が進んでも，運転の状況をサイン音で伝える機能は，搭載されると考えられます。自動車内と同様に，列車，飛行機，船舶などの運転室でも，多くのサイン音が利用されています。

最適なサイン音のデザインが望まれる

こういったサイン音は，以前は鳴らせることのみしか考えておらず，伝えたいメッセージに合った適切な音のデザインがなされているとは思えないものも数多くありました。しかし，最近は，用途に合わせた最適なサイン音のデザインが求められるようになってきました。警報や警告的なメッセージを含まず，日常的に鳴っているようなサイン音には，快適さが求められることもあります。サイン音が増えてくると，複数のサイン音が鳴るような状況下では，どのように聞き分けさせるか，どのように優勢順位をつけさせるかといった問題も発生します。

人間の聴覚は，視覚と異なり，全方位型です。また，信号に対する反応時間も聴覚の方が優れているといいます。何かをしているときに，メッセージを伝えるには，聴覚は最良なチャンネルです。その特性を活かすような最適なサイン音のデザインが望まれます。

デジタル技術の発展とともに，従来と比較してさまざまな音を発生させる機能が格段に高まってきています。サイン音を適切にデザインすることは今日的要求ですが，サイン音を自在にデザインできる状況も整ってきています。

10.6 音楽的表現を用いた サイン音

　サイン音の中には，メロディや和音のような音楽的な表現を利用した
ものもたくさんあります。列車の発着音，家電製品のサイン音，携帯電
話の着信音など，さまざまなサイン音にメロディが利用されています。
テレビのニュース速報に伴うチャイムや公共空間でのアナウンスの予告
などに，分散和音を利用したものもあります。日本は，サイン音に音楽
的表現を利用することにかけては，世界をリードしています。音楽的表
現を用いたサイン音は日本の音文化といえるほどです。

　緊急地震速報は地震源近くの初期微動（P波）をキャッチして地震に
よる強い揺れ（S波）の数秒〜数10秒前に出されるものですが，テレ
ビから流れる「チャラン，チャラン」のチャイムと「緊急地震速報です。
強い揺れに中止してください」のメッセージに，強い不安を覚える人も
多いのではないでしょうか？　このチャイムは，NHKの依頼で伊福部
達東京大名誉教授らが，叔父である伊福部昭（『ゴジラ』の映画音楽を
担当した作曲家）作『シンフォニア・タプカーラ』の第3楽章冒頭に出
てくる和音を素材にして制作したものですが，これも音楽的表現を用い
たサイン音です。

　このチャイムは，**図10-3** に示すように，Cの属7和音（ドミソシ♭）
にレ♯を加えた分散和音（シー・セブン・シャープ・ナインス）になっ
ています。レ♯を加えたことで，強い緊張感を生み出す響きになってい
ます。この和音がもう1回繰り返されるのですが，2回目は全体的に半
音上げて，より耳につきやすいように工夫されています。このような音
にしたのは，注意を喚起させる音であること，すぐに行動したくなる音
であること，既存のいかなる警報音やチャイムとも異なること，極度に

不快でも快適でもなく，あまり明るくも暗くもないこと，できるだけ多くの聴覚障害者にも聞こえること，という条件を考えた結果です。

密かに従業員にメッセージを伝えるサイン音楽

スーパーマーケットやデパートなどで使われている BGM は，店の雰囲気づくりに大いに貢献しています。ただし，すべての曲が客のために流されているわけではありません。客に気づかれず，密かに従業員にメッセージを伝える BGM もあります。こういった目的を持った音楽はサイン音楽と呼ばれています。あるデパートでは，雨が降り出すと『雨に唄えば』を流します。窓のない売り場では，外の天気は分かりません。BGM で雨が降り出したことを伝えて，従業員は包装紙を防水加工のものに切り換えたり，手提げ袋をポリ袋に変えたりします。

売り場の人手が足りないときの合図として，ビートルズの『ヘルプ』をサイン音楽として利用している店もあります。この曲を知っている人にとっては，直接的で分かりやすい選曲です。

売り場点検の合図にサイン音楽を使っているスーパーマーケットもあります。あるスーパーマーケットでは，『おもちゃのチャチャチャ』を合図にして，従業員が持ち場の売り場点検をしています。

こういった情報は売り場のアナウンスでも伝達可能です。しかし，客にとって，必要でないアナウンスはうるさいだけです。BGM に忍ばせたサイン音楽なら，売り場の雰囲気を損なわず，従業員にメッセージを伝えることができます。サイン音楽は，「お客さまに気づかれず，きめ細かいサービスを提供しよう」という，おもてなし精神に基づく日本的サービスの一環なのです（9.7 節参照）。

（出典：筒井信介『ゴジラ音楽と緊急地震速報』ヤマハミュージックメディア，2011，p.135）

図 10-3 緊急地震速報のチャイムの楽譜

10.7　音のユニバーサル・デザイン

　バリアフリーな生活環境の創造は，今日の社会的な要請になっています。音響的な面からもバリアフリーな街づくりに取り組むことはたくさんあります。

　サイン音は視覚情報が利用できない視覚障害者にとっては重要な情報源で，そのあり方には特に配慮を必要とします。快適で安全な生活環境を創造するためには，最適なサイン音のデザインが必要となります。

　市内を歩行する視覚障がい者のために，音響式信号機は，ずいぶん以前からさまざまな場所に設置されています。鉄道の駅などでは，改札口付近では「ピンポン」と鳴る視覚障がい者誘導用チャイム（**図 10-4**），プラットホームの場所を示す鳥の鳴き声の再生音などが流され，視覚障がい者の安全な移動に貢献しています。

　急速に普及が進んでいるハイブリッド自動車や電気自動車は，低速走行時にはモータで駆動するため，非常に静かです。このような低騒音車の出現は環境にとっては望ましいことではありますが，静かになりすぎたため，歩行者にとって危険な状況が生じています。特に，音に頼って生活している視覚障がい者にとっては深刻な問題です。国土交通省は，車両接近通報装置を搭載し，**図 10-5** に示すように，疑似エンジン音をスピーカから発生させることでこの問題を解決しようとしています。車両接近通報装置から発する音としては，自動車の接近が確実に分かるようにデザインする必要があります。同時に，車両接近通報装置の音によって環境騒音が上昇しないように，エンジン車の音よりも小さくするようにもしなければなりません。ある自動車メーカは，630 Hz と 2.5 kHz の 2 つの卓越成分を含む音を用いて，耳につきやすくしつつも，全体の

騒音レベルの上昇を抑制するデザインを試みています。なお，車外の障害物に対するセンシング技術が広く利用されるようになってきた状況を踏まえ，歩行者を検知し，その情報をドライバーと歩行者にサイン音で伝えるような装置を開発すれば，車両接近通報装置を利用する必要はなくなりそうですが，まだそういう動きはありません。

　視覚障がい者が日常生活で利用している音は，情報提供を目的として提供されているサイン音や音声案内だけではありません。歩行路で聞こえるゲーム・センターの音，学校の音，量販店のテーマ曲など，同じ場所で鳴っている特有の音は，自分の位置を確認するのに利用されていま

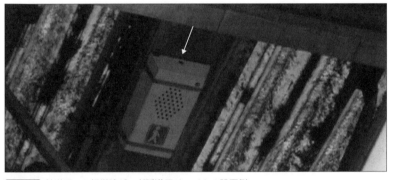

図10-4 鉄道駅での視覚障がい者誘導用チャイムの設置例

スピーカ

図10-5 電気自動車，ハイブリッド自動車に搭載されている車両接近通報装置：疑似エンジン音をスピーカから発生させることで自動車の接近を知らせる

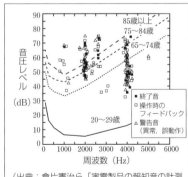

（出典：倉片憲治ら「家電製品の報知音の計測－高齢者の聴覚特性に基づく検討・第2報－」『人間工学』35（4），1999, p.281）

図10-6 家電製品に利用されているサイン音の周波数と音圧レベルと各年代の人たちの聞こえる範囲の比較

す。自動車の音，人の足音などは，移動する際，自分の移動すべき方向を判断するのに，役立ちます。行く先に階段があれば，反射音で足音が変わるので察知できます。音の出るおもちゃが並ぶ玩具店も，いい目印（耳印というべきでしょうか）になります。こういった環境の中の音が騒音に埋もれずに良好に聞こえる状態を保つことも，視覚障害者に対するユニバーサル・デザインといえるでしょう。

　音環境全体の問題として，過剰な反射音を抑える，騒音を抑制するといったことも必要です。手がかりになる音が騒音でかき消されたり，反射音で方向が理解しづらくなったりしないような空間を作りあげることが望まれます。コンサート・ホールなど音楽を聴く空間では響きのデザインが重要視されてきましたが（4章参照），雑多な人々が行きかう公共空間においても響きをコントロールする必要性が認識されるようになってきました。

高齢者の特性に配慮したサイン音のデザイン

　高齢社会といわれる今日の状況を反映して，高い周波数の音に対する感度の衰えた高齢者の特性に配慮したサイン音のデザインの必要性も認識され始めました。家電製品のサイン音に対しては，日本工業規格「高齢者・障害者配慮設計指針－消費生活製品の報知音」（JIS S 0013）として設計指針が規格化されています。この設計指針では，サイン音を操作確認音，終了音，注意音に分類し，それぞれにふさわしい音が定められています。この規格では，高齢者の聴覚特性にも配慮して，「報知音の周波数は 2.5 kHz を越えないことが望ましい」との条項を盛り込んでいます。図10-6 に，各種の家電製品（1995 ～ 1998 年に製造された製品）のサイン音の周波数と音圧レベルを各年代の人たちの聞こえる範囲とともに示します。図10-6 によると，家電製品に組み込まれた多くのサイン音が 4 kHz 付近の周波数を用いており，これが聞き取れなくなっている 65 歳以上の高齢者が多くいることが分かります。これらの人に配慮して周波数に関する条項が設けられているのです。

10.8 音環境デザイン

　視覚デザインの分野でのランドスケープ・デザインに相当する音のデザインの分野が音環境デザインです。一口に音環境デザインといっても，いろんな種類のものがあります。新しく導入した音で空間を演出するといったデザイン，環境の中にある音を活かすデザイン，地域に存在する音に気づかせるデザインなどです。

演出音を用いたデザイン

　新しく導入した音で空間を演出するタイプの音環境デザインは，多くの商業空間や公共空間で試みられています。従来からある BGM や有線放送などと違って，空間のニーズに合わせたオリジナルの演出音が用いられるのが特徴です。

　演出音を用いた音環境デザインを実施するにあたっては，音のみをデザインするのではなく，まわりの音，景観との兼ね合いを考える必要があります。演出音で周辺の音をマスクして，音環境を塗り替えるような音を流すことは避けなければなりません。その空間の音環境，景観と共生する音のデザインが求められます。また，音環境デザインを行う地域やコミュニティにとって何らかの意味を持つものであると，親しみのある音として愛着を持ってもらいやすくなります。

　音で空間を演出するタイプの音環境デザインは，多くの商業空間や公共空間で試みられています。札幌の JR タワー，東京タワー，京都タワーなどの展望室では，眺望を引き立てるために，さりげない演出音が流されていいます。流れる音に身をまかせ，心地よく街の眺めを楽しむことができます。2012 年に竣工した東京スカイツリーの「天望回廊」（図10-7）

でも，時間，季節，気象条件の移り変わりに応じて流れる音が変化する音環境デザインが実施されています。眺望を楽しむタワーでの展望空間では，音環境デザインによる雰囲気づくりは効果的です。

　各地に設置されているカラクリ時計も，音で空間を演出する意図を持ったデザインといえるでしょう。流しっぱなしにするわけではなく，一定時間演出音を流すことで，流れゆく時間にアクセントを添える役割を果たす音となっています。また，「時を伝える」という機能を持たせることで，昔からの「時の鐘」的な認識で，受け入れやすい下地を作り出すことができます。人形のダンスやカラクリの仕掛けの動きと演出音のコンビネーションで，楽しませてくれるカラクリ時計も多くみられます。地域の人に親しまれ，待合場所になるなど，その土地のサウンドマーク的存在となっているデザインもあります。

環境の中にある音を活かすデザイン

　新しい音を導入することのみが，音環境デザインではありません。音そのものをデザインするわけではないのですが，本来環境に含まれる音への配慮を忘れないデザイン，環境の中にある音に意識を向けさせるデザインも，広い意味で音環境デザインといえます。

　そんな試みの一つが，福島県いわき市小名浜に施された『Wave Wave Wave』の音環境デザインです。 図10-8 に示すように，海に面した埠頭の先端部に，山脈模様のように複雑に隆起した金網が延々と続いているのが『Wave Wave Wave』です。金網の下は海で，波が打ち寄せています。この網の上に座ったり，寝そべったりすると，下から波の打ち寄せる音が聞こえてくるのです。この網は，波音を聞くための「しかけ」となっているのです。この作品を通して，波の音に耳を傾け，環境に心開いていくことを意図しています。『Wave Wave Wave』は，そこにある波の音を意識させるデザインなのです。

　大分県竹田市の瀧廉太郎記念館における音環境デザインでは，造園デザインによる音の演出を試みています。『荒城の月』『花』の作曲者として知られる瀧廉太郎が12歳から15歳まで過ごした家を，大分県竹田市

が買い上げ，瀧廉太郎記念館として 1992 年にオープンしました。記念館
では，「瀧廉太郎が聞いた竹田の音を復元し，来館者がそれを追体験でき
る」ことを基本コンセプトとして，音環境デザインを行いました。瀧廉
太郎記念館では，竹田特有の「竹の響き（竹の葉がふれあうサラサラと
いう音）」を聞かせるために，孟宗竹を植えました。雀の鳴き声が聞こえ
るように，雀の食べる実が生る木を植えて，水飲み場を作りました。下
駄の響きを復元するために，下駄を用意して，来館者が履いて歩き回る
ようにしました。暗渠となっていた溝川も復元され，水の音も復活させ
ました。ここでの音環境デザインの特徴は，再生音に頼らずに，造園計
画のなかで「瀧廉太郎が聞いた明治の音風景」をデザインしたことです。

図 10-7 東京スカイツリーの「天望回廊」

図 10-8 Wave Wave Wave：波の音を聞くための装置

　遠くの音を聞くための反射板を取り付けた椅子（聞き耳の椅子：**図10-9**）を置く，雨の音をわざと響かせる屋根を設置する，床の音をコンコンと響かせるような素材にするなど，身近な音と親しみを持って遊べる空間のデザインが試みられた公園もあります。こういった試みも，環境の音に意識を向けさせるデザインといえるでしょう。

地域に存在する音に気づかせるデザイン

　音環境デザインの枠組みをさらに広げる試みが，9章で紹介した音名所あるいは残したい音風景の選定事業です。この種の活動は，音による地域の文化の掘り起こしとしても位置づけられます。音名所の選定事業や広報活動を通して，住民に地域の音に気づいてもらうことができます。新たな音を導入しないでも，身近な音に気づくことによって，身の回りに存在する環境の意味合いが変容し，愛着を覚える存在になります。そういった意味合いから，音名所・残したい音風景の選定事業は「気づきのデザイン」だと考えられるのです。

（設計・製作：株式会社 LAO）

図10-9　聞き耳の椅子：遠くの音を聞くための反射板を取り付けた椅子

10.9 音楽における 音のデザイン的側面

音楽は芸術的創造活動によって生まれるものですが，今日の音楽制作においては，音のデザイン的要素も重要な役割を演じています。歴史的に見ても，ミュジック・コンクレート，電子音楽などでは，音のデザイン的な創作活動です。録音編集技術を駆使したポピュラー音楽の制作は，音のデザインに支えられています。

音作りはデザイン的行為

ミュジック・コンクレート，電子音楽の特徴は，伝統的な楽器に頼らず，音楽を作り出すことです。ミュジック・コンクレートでは録音した現実の音，電子音楽では発振器の音を素材にして，音楽作品を制作します。楽器の演奏の場合，楽譜上の指示を元に演奏者が解釈して，音楽に適した音を作り出します。発振器や録音機には，演奏者のような高度なふるまいはできません。曲想に合わせて，音を合成し加工し選択する過程，すなわち音作り，音のデザインが制作者に委ねられ，それが作品制作の上で大きな意味を持つことになります。

その後，コンピュータの進化とともに，コンピュータ・ミュージックが発展してきましたが，コンピュータ・ミュージックにおいても，音作りが大きな意味を持ち，より多彩な表現がなされるようになってきました。空間音楽的試みも多くなされ，音楽制作は，音場の構成も包含するようになり，音のデザインの対象を広げてきました。メディア・アートの世界では，作曲なのかデザインなのかの境界もあいまいで，視聴覚情報を融合したデザインも試みられています。サウンド・クリエータと呼ばれる存在も，アーティストとデザイナーの境界に位置します。

　このような音作りは，創造的行為に含まれますが，芸術的行為というよりもデザイン的行為といった方がふさわしいでしょう。現代音楽は，音のデザインが音楽制作に直接関わるような状況下で発展してきたのです。

ポピュラー音楽も音のデザインに支えられている

　ポピュラー音楽でも，その制作過程のいろんな場面で音を作る，加工する，編集するという行為が介在します。現代音楽と同様，ポピュラー音楽も音のデザインに支えられて，その表現力を発展させてきました。今日，音のデザインの過程なくしては，音楽を楽しむことはできません。

　ポピュラー音楽の音楽制作では，パートごとに別々に演奏したものを，マルチトラック・レコーダに録音し，音量や音色を調節して音楽を仕上げるのが一般的です。ミュージシャンが演奏した音，コンピュータに作らせた音は，単なる素材に過ぎません。この素材を編集，加工，調整して，完成度の高い音楽を作り出しているのです。その過程は，音だけではなく音楽もデザインする行為といってもいいでしょう。

　ポピュラー音楽においては，音楽の創造と音のデザインが一体となって，音楽制作過程が成立しているのです。複雑化した音楽制作を支えているのは，音楽プロデューサーや録音エンジニアのように，音作りを担うスタッフたちです。

　音のデザインの必要な現場は，録音スタジオに限りません。ライブ演奏においても，ポピュラー音楽の場合，演奏音は，マイクロホンを通して，あるいは直接ラインに接続され，増幅されて舞台両脇に設置されたスピーカから聴衆に届けられます。このような過程は，PA（Public Address）とか SR（Sound Reinforcement）とか呼ばれています。演奏音は，客席内に設置されたミキシング・コンソールで調整，加工した後，アンプを経てスピーカに提供されます。ミュージシャンは，自分が演奏した音がどのような形で聴衆に伝えられるのかを，PA オペレータにゆだねることになります。PA オペレータは，聴衆に伝える音をデザインする存在です。

10.10　失われたリアリティを再現する音のデザイン

　リアリティを演出する音が必要なのは，映像メディアのようなバーチャルな世界だけには限りません（8.5 節参照）。現実の世界においても，必要とされるようになってきました。

シャッター音がしないと撮った実感が得られない

　技術革新に伴い，メカニズムの実体（リアリティ）がなくなった道具が増えてきました。こういったリアリティが喪失した道具においては，わざと音をつけてリアリティを演出しています。

　デジタル・カメラ（デジカメ）のシャッター音がいい例です。デジカメのシャッターは，単なる電子的なスイッチでメカニックな部分がありません。従って，無音にすることも可能です。しかし，人間の感性は保守的で，音のフィードバックがないと，「写真を撮った（撮られた）」という実感が得られません。そこで，デジカメでは，わざわざスピーカからシャッター音を流して，人間に「写真を撮った（撮られた）」という経験を感じさせているのです。本格的な昔ながらのカメラのデザインを踏襲したデジカメなら，往年の名器のシャッター音を再現するのもカメラらしさが演出できて効果的です。ポップなデザインのデジカメなら，電子音を使ったキラキラ・サウンドがマッチします。

スイッチを押した音,ページをめくる音の付加

　ATM などのタッチ・パネルの操作音も同様です。機械的なスイッチを押して操作する場合と異なり，タッチ・パネル上の仮想のスイッチを押しても, 音はしません。押しても音のしないスイッチからは,「押した」

という実感が得られません。そのために，「ピッ」という電子音を鳴らして，フィードバックを与えるのです。その音のおかげで，人間はスイッチを押したことを，実感できます。

電子書籍などの電子的な文書の画面をスワイプする（指で払う）ときに，ページをめくるような音を付加するのも，ページをめくった実感を作り出すためです。

走行音が静かになったことによる実感の喪失

10.7 節で，安全面での配慮から，ハイブリッド自動車や電気自動車に車両接近通報装置を搭載していることを紹介しました。その背後には，慣れ親しんだ自動車の走行音が急に静かになってしまい，その実体感が失われてしまったことも大きく影響していると考えられます。自動車が走行しているのなら，そのことをイメージできる音が同時に聞こえてこそ，自動車の走行を実感できるのです。その実感が喪失したことへの不安感が，車両接近通報装置導入の後押しをしてものと考えられます。さらに，電気自動車においては，車内においても，走行を実感する音を流すことも考えられています。

参 考 文 献

- 相川孝作『電子工学概論』コロナ社，1964

- 蘆原郁，坂本真一『音の科学と疑似科学』コロナ社，2012

- 安斎直宗『シンセサイザーの全知識』リットーミュージック，1996

- 安藤由典『新版 楽器の音響学』音楽之友社，1996

- 安藤由典『楽器の音色を探る』中央公論新社，1978

- 飯田一博，森本政之編著『空間音響学』コロナ社，2010

- 池内智，佐々木実，北村音一「リズム並びにテンポのゆらぎの数量化に関する研究：あるギター曲のメロディーを例にとった場合」日本音響学会誌，40（4），1984

- 入江順一郎『入江順一郎のオーディオベーシック講座』音楽之友社，1988

- 岩宮眞一郎『音の生態学 ―音と人間のかかわり―』コロナ社，2000

- 岩宮眞一郎『音のデザイン ―感性に訴える音をつくる―』九州大学出版会，2007

- 岩宮眞一郎『CDでわかる 音楽の科学』ナツメ社，2009

- 岩宮眞一郎『図解入門 よくわかる 最新 音響の基本と応用』秀和システム，2011

- 岩宮眞一郎『音楽と映像のマルチモーダル・コミュニケーション 改訂版』九州大学出版会，2011

- 岩宮眞一郎『サイン音の科学 ―メッセージを伝える音のデザイン論―』コロナ社，2012

- 岩宮眞一郎『図解入門 最新 音楽の科学がよくわかる本』秀和システム，2012

- 岩宮眞一郎『図解入門 よくわかる 最新 音響の基本と仕組み 第2版』秀和システム，2014

- 岩宮眞一郎編著『視聴覚融合の科学』コロナ社，2014

- 岩宮眞一郎『音のチカラ ―感じる，楽しむ，そして活かす―』コロナ社，2018

- 上野佳奈子編著『コンサートホールの科学』コロナ社，2012

- 梅本堯夫『音楽心理学』誠信書房，1972

- 梅本堯夫編著『音楽心理学の研究』ナカニシヤ出版，1996

- 小方厚『音律と音階の科学』講談社，2007

- 岡野邦彦『実用オーディオ学』コロナ社，2019

- 小沢恭至編『電気楽器』オーム社，1972

- 音の百科事典編集委員会編『音の百科事典』丸善，2006

- 加銅鉄平『わかりやすいオーディオの基礎知識』オーム社，2001

- 鴨志田均，菊地英男，門屋真希子，内田英夫，末岡伸一「「騒音の目安」作成調査結果と活用について」騒音制御，34（5），2010

- 木下牧子監修『よくわかる楽典』ナツメ社，2008

- 倉片憲治，松下一馬，久場康良，ロノ町康夫「家電製品の報知音の計測 ―高齢者の聴覚特性に基づく検討・第2報―」人間工学，35（4），1999

- 厨川守，亀岡秋男「協和性理論」東芝レビュー，25，1970

- 黒澤明，都木徹，山口善司「頭部伝達関数と方向弁別能力について」日本音響学会誌，38（3），1982

- 郡司すみ『世界楽器入門 ―好きな音，嫌いな音―』朝日新聞社，1989

- 小橋豊『音と音波』裳華房，1969

- マリー・シェーファー『世界の調律 ―サウンドスケープとはなにか―』平凡社，1986

- マリー・シェーファー『サウンドエデュケーション』春秋社，1992

- 鈴木陽一，赤木正人，伊藤彰則，佐藤洋，苣木禎史，中村健太郎『音響学入門』コロナ社，2011

- 谷口高士編著『音は心の中で音楽になる ―音楽心理学への招待』北大路書房，2000

- チャールズ・テイラー『音の不思議を探る ―音楽と楽器の科学―』大月書店，1998

- E. ツヴィッカー『心理音響学』西村書店，1992

- 筒井信介『ゴジラ音楽と緊急地震速報』ヤマハミュージックメディア，2011

- ダイアナ・ドイチュ編『音楽の心理学（上）（下）』西村書店，1987

- 中島義道『うるさい日本の私』洋泉社，1996

- 永田穂『静けさよい音よい響き』彰国社，1986

- 中林克己「ステレオ音像とテレビ映像の相乗効果」テレビジョン学会誌，37（12），1983

- 中村健太郎『音のしくみ』ナツメ社，2010

- 中村滋延『現代音楽×メディアアート ―映像と音響のシンセシス―』九州大学出版会，2008

- 西岡信雄『よくわかる楽器のしくみ』ナツメ社，2009

- 西村雄一郎『黒澤明 音と映像』立風書房，1998

- 日本音響学会編『音のなんでも小事典 ―脳が音を聴くしくみから超音波顕微鏡まで』講談社，1996

- 野本由紀夫，稲崎舞，松村洋一郎『クラシックの名曲解剖』ナツメ社，2009

- ジョン・パウエル『響きの科楽 ―ベートーベンからビートルズまで―』早川書房，2011

- 橋本文雄，上野昂志『ええ音やないか ―橋本文雄・録音技師一代』リトル・モア，1996

- 藤枝守『響きの考古学 ―音律の世界史からの冒険』平凡社，2007

- 藤本健『これからはじめる DTM のためのやさしい基礎知識』リットーミュージック，2014

- イエンス・ブラウエルト，森本政之，後藤敏幸 編著『空間音響』鹿島出版会，1986

- N. H. フレッチャー，T. D. ロッシング『楽器の物理学』シュプリンガー東京，2002

- 前川純一，阪上公博，森本政之『建築・環境音響学 第 2 版』共立出版，2000

- 三浦種敏監修『新版 聴覚と音声』コロナ社，1980

- B. C. J. ムーア『聴覚心理学概論』誠信書房，1994

- 森本政之，藤森久嘉，前川純一「みかけの音源の幅と音に包まれた感じの差異」日本音響学会誌，46（6），1990

- 森芳久，君塚雅憲，亀川徹『音響技術史』東京藝術大学出版会，2011

- 柳田益造編『楽器の科学』SB クリエイティブ，2013

- 山川正光『オーディオの一世紀』成文堂新光社，1992

- 山下柚実『給食の味はなぜ懐かしいのか？ 五感の先端科学』中央公論新社，2006

- 山田真司，西口磯春編著『音楽はなぜ心に響くのか ―音楽音響学と音楽を解き明かす諸科学―』コロナ社，2011

- 吉川茂『ピアノの音色はタッチで変わるか』日経サイエンス社，1997

- ダニエル・J. レヴィティン『音楽好きな脳 ―人はなぜ音楽に夢中になるのか』白揚社，2010

- 渡辺裕『聴衆の誕生』春秋社，1989

- W. Jay Dowling, Dane L. Harwood, *Music Cognition*, Academic Press, 1986

- John Robinson Pierce, *The Science of Musical Sound*, W. H. Freeman & Co., 1984

- R. Plomp, W. J. M. Levelt, Tonal Consonance and Critical Bandwidth, *J. Acoust. Soc. Am.*, 38（4），1965

- Reinier Plomp, *Aspects of tone sensation*, Academic Press, 1977

- Takayuki Sasaki, Sound restoration and temporal localization of noise in speech and music sounds, *Tohoku Psychologica Folia*, 39, 1980

- William A. Yost, *Foundations of Hearing*, 5th edition, Academic Press, 2013

索　引

■ 著者紹介

岩宮 眞一郎 <small>(いわみや しんいちろう)</small>

日本大学芸術学部特任教授（音楽学科情報音楽コース），九州大学名誉教授

【略歴】
九州芸術工科大学専攻科修了，工学博士（東北大学）。
九州芸術工科大学芸術工学部音響設計学科助手，助教授を経て，教授。その後，九州大学との統合により
九州大学芸術工学研究院教授，定年により退職。
専門領域は，音響工学，音響心理学，音楽心理学，音響生態学。
音の主観評価，音と映像の相互作用，サウンドスケープ，聴能形成，音のデザイン等の研究に従事。
音のプロフェッショナルとして「音」の重要性を訴えている。

【主な著書】
・『音の生態学 —音と人間のかかわり—』（コロナ社，2000）
・『音のデザイン —感性に訴える音をつくる—』（九州大学出版会，2007）
・『音楽と映像のマルチモーダル・コミュニケーション 改訂版』（九州大学出版会，2011）
・『音のチカラ —感じる，楽しむ，そして活かす—』（コロナ社，2018）

■ カバーデザイン 　　　　　　　小川純（オガワデザイン）
■ 本文デザイン・図版・DTP 　　BUCH⁺

音と音楽の科学
<small>おと　おんがく　　かがく</small>

2020 年 3 月 17 日　初版　第 1 刷発行
2022 年 11 月 9 日　初版　第 3 刷発行

著　者　　　岩宮眞一郎 <small>いわみやしんいちろう</small>
発行者　　　片岡 巌
発行所　　　株式会社技術評論社
　　　　　　東京都新宿区市谷左内町 21-13
　　　　　　電話　03-3513-6150　販売促進部
　　　　　　　　　03-3267-2270　書籍編集部
印刷／製本　日経印刷株式会社

本書へのご意見，ご感想は，技術
評論社ホームページ（https://
gihyo.jp/）または以下の宛先へ，
書面にてお受けしております。電
話でのお問い合わせにはお答えい
たしかねますので，あらかじめご
了承ください。

〒162-0846
東京都新宿区市谷左内町 21-13
株式会社技術評論社　書籍編集部
『音と音楽の科学』係
FAX：03-3267-2271